やさしい位相幾何学の話

新装版

横田一郎 著

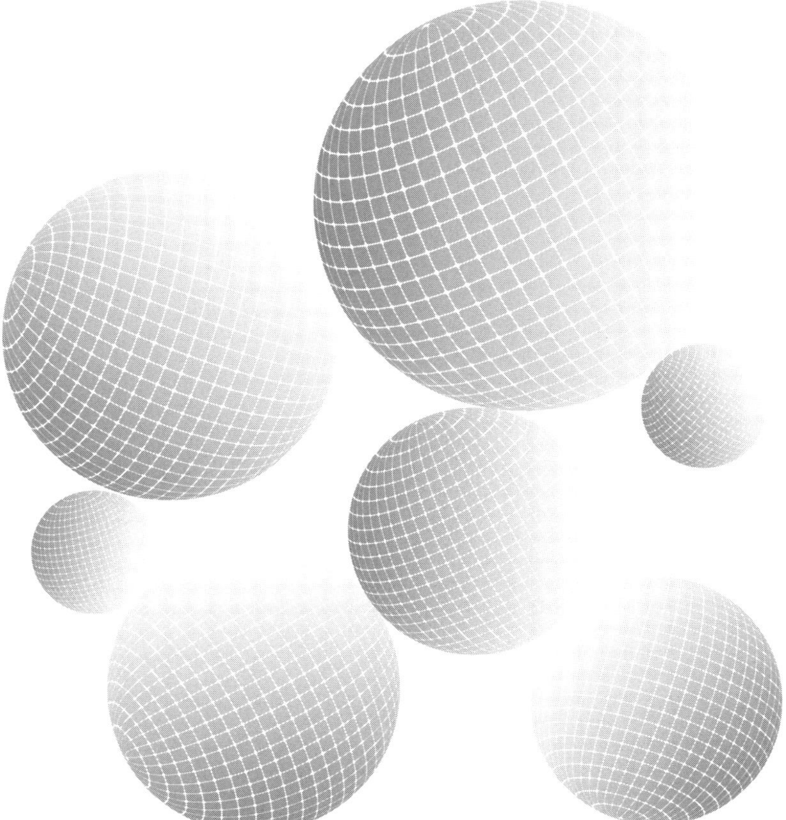

現代数学社

まえがき

本書では位相幾何学（トポロジー）とは，どのような図形をどのような方法で調べる幾何学であるかをやさしくお話ししてみようと試みた．

話をやさしくするために，厳密な定義や証明を省いて直感に訴えている所が多い．そのために，読者のなかには気持悪さや不安が残る方がおられるかもしれない．かりにそうであっても，ここでは余り気にしないことにしよう．それよりも，本書により位相幾何学の着想が読者に素直に受け入れられて，位相幾何学に興味をいだいていただく１つの手掛りが得られるならば，筆者の目的は一応達せられたのである．

直感にのみ頼る方法には自ら限度がある．初めは，ホモロジー，ホモトピーや位相幾何学の最近の話題を多く取り入れて書こうと思ったのであるが，それはできなかった．もし許されるならば，これらのことはまたの機会にしたいと思っている．

最後に，本書の出版に際し終始積極的な好意を寄せられた現代数学社の諸氏に感謝している．また，図版を美しく整図して下さった山瀬哲弘氏に敬意を表しお礼申し上げる．

横田一郎

新装版について

1981 年に「やさしい位相幾何学の話」として出版されたが，非常に好評をいただき，再び世に出すことにした．入門の入門ともいうべきやさしい数学読物として，是非一読されるよう望んで止まない．

現代数学社編集部

目　　次

第1章　図 形 の 見 方

第2章　ユークリッド空間の位相

第3章　位相同型写像

第4章 Euler-Poincré 指標

第5章 図 形 の 構 成

第6章 その他2,3の話題

付録　位相空間

第*1*章　図形の見方

§1　図形の見方にいろいろあること

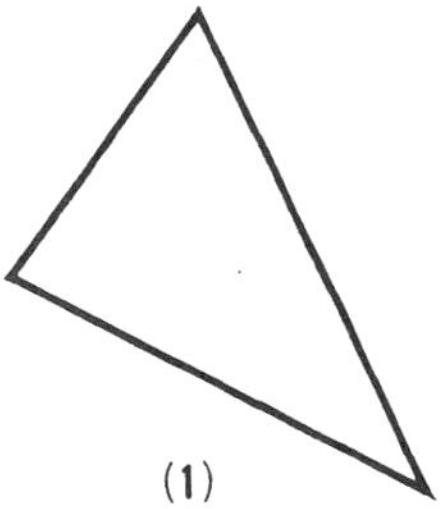

(1)

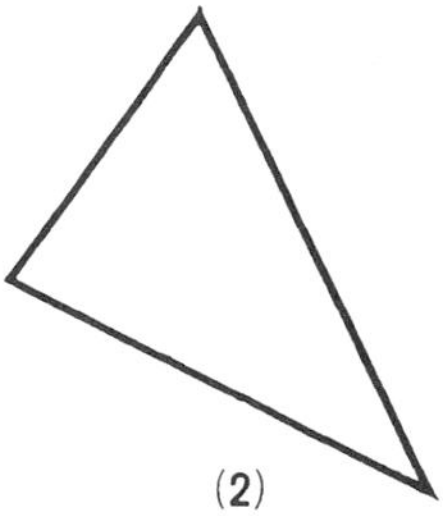

(2)

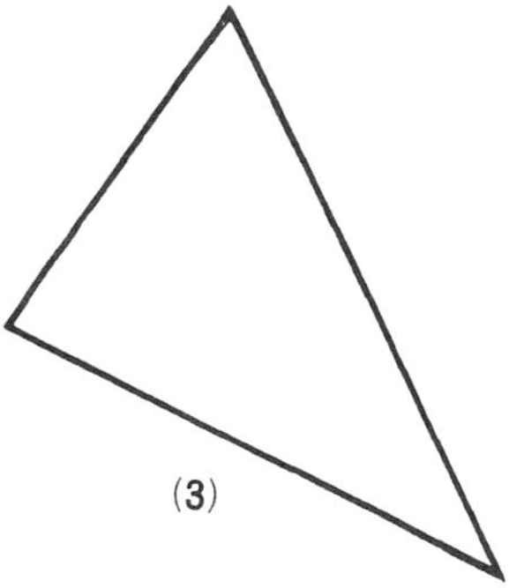

(3)

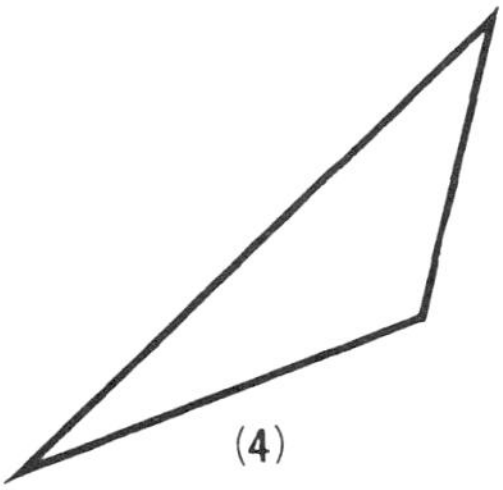

(4)

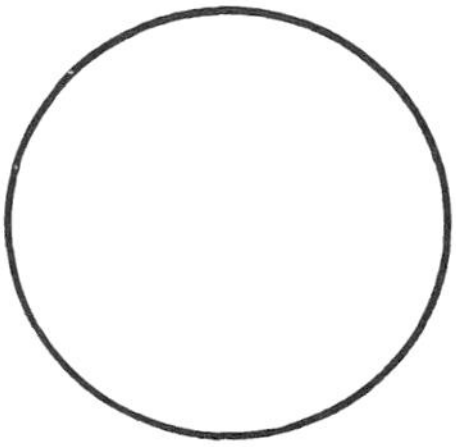

(5)

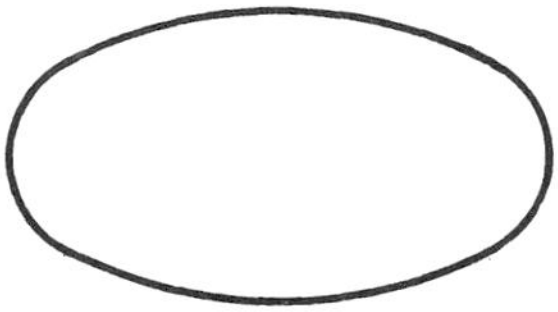

(6)

(7)

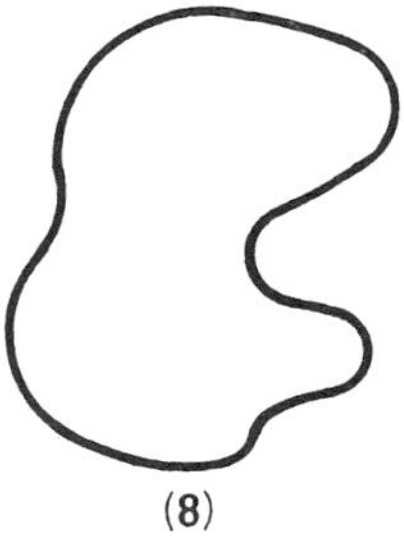

(8)

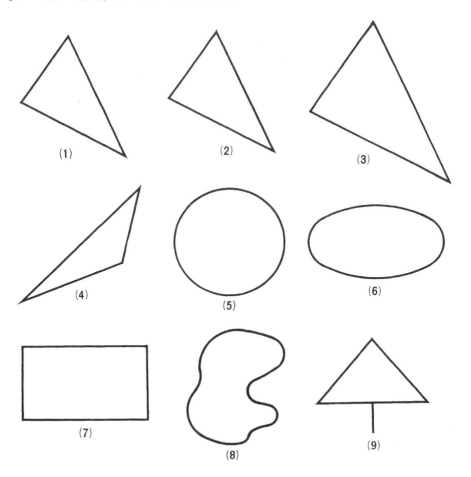

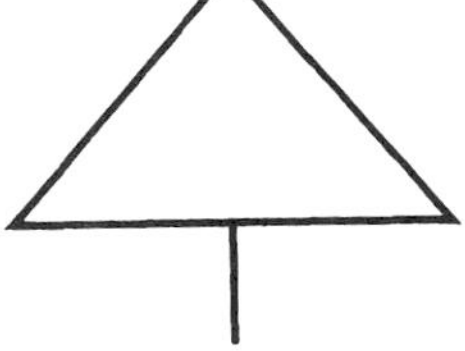

(9)

(10)

(11)

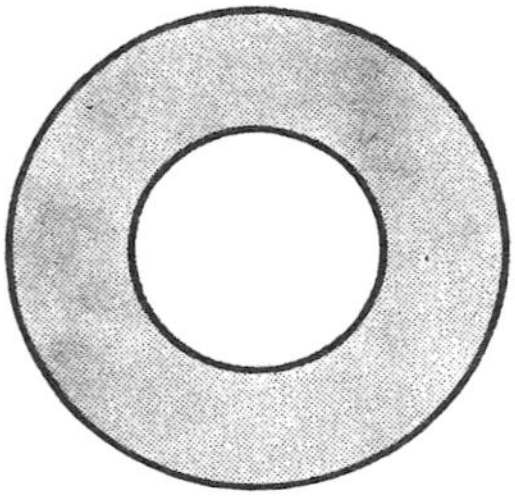

(12)

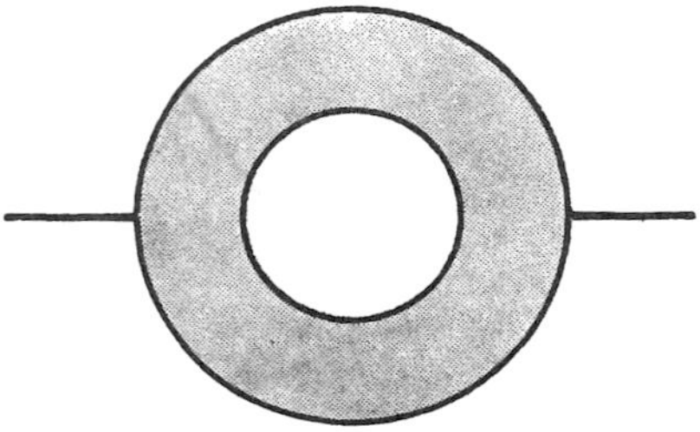

(13)

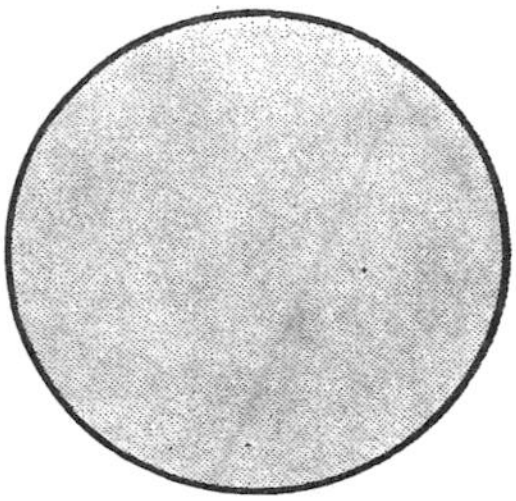

(14)

(15)

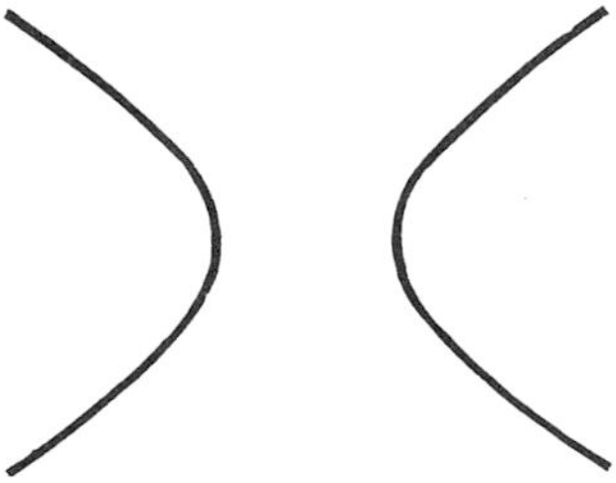

(16)

これらの図形 (1)—(16) を見ていただこう． そして， これらの図形の類似性について問うことにしよう． このとき， ある人はこれらの図形はすべて異なっていると答えるかもしれないし，またある人はこれらはすべて同じ図形であると答えるかもしれない． 事実， すべて異なると答えても， すべて同じであると答えても何ら差しつかえないのである． それは， 2つの図形が等しいとか等しくないとかいう約束を未だ何もしていないからである．たとえば(1)(2)の2つの図形を見よう．この2つの3角形は，一方の3角形を形も大きさも変えないでそのまま動かすと他方の3角形に重ね合わすことができるので合同であり，したがって(1)と(2)は等しい図形であるという見方は正しい見方である．そしてこれがユークリッド幾何学の基調になっていることはよく知られている通りである．しかし一方，(1)(2)の2つの3角形の占める位置が違っているから等しくないというのも理由のあることであって，これを理由に(1)と(2)は異なる図形であると主張しても何ら差しつかえないのである．(しかしこれに固執すると，興味ある幾何学がつくれないことも事実であるが)．

同様に(1)(3)の2つの3角形は，等しいということを相似形であるという点におけば等しいけれども，合同であるという点におけば両者は異なってくる．(1)(4)の2つの図形も，3角形であるという見方をすれば同じであるが，合同とか相似であるという観点からは違っている．このように，図形を調べようとするためには，まず2つの図形が「等しい」または「等しくない」という定義を与えることから始めなければならないのである．そして，「図形が等しい」という定義の与え方は1通りではなくいろいろあって，むしろその定義の与え方を変えると，それに従って新しい幾何学が生れるといってもよいのである．

再び初めにあげた図形(1)—(16)を見ていただこう．図形にはいろいろの見方があるとはいうものの，(1)から(8)までの図形は何かしら同じ種類の図形であるという感じがするであろう．それが本書でこれから述べようとする**位相同型**(または**同相**ともいう)という見方なのである．

さらに2次元図形である(12)(13)を含めて，(1)から(13)までの図形も何となく似通っている図形であると思えないであろうか．もし，そのように思うことができるならば，それが位相幾何学で位相同型とともに重要な基本概念である**ホモトピー同値**という見方なのである．

しかし最後の3つの図形(14)(15)(16)は，(1)から(8)までの図形とはもちろん，(1)から(13)までの図形のいずれとも位相的に異なっているとみなしていただきたいのである．楕円(6)，放物線(15)および双曲線(16)はいずれも2次曲線であって，幾何学的によく似た性質をもつ図形であるが，位相的にはそれぞれ異なっている(理由はあとでかく)ので，少なくとも本書では同じとみなさないのである．

さて，位相幾何学とは何を調べようとする幾何学なのであろうか．ユークリッド幾何学が合同変換のもとに図形を分類する幾何学であり，射影幾何学がいわゆる射影変換のもとに図形を分類する幾何学であったように，位相幾何学とは位相同型またはホモトピー同型のもとに図形を分類しようとする幾何学である．この位相的な考え方はEuler (オイラー)，Poincaré (ポアンカレ) に始まり，数多くの数学者の手を経て戦後急速に発達して，そして幾何学をはじめとして数学のあらゆる分野に輝かしい貢献をしているのである．しかし，位相幾何学は歴史が浅いだけに，現在でもわからない未知の分野が多く山積みされており，大そう難しくて，これからの学問であると思われる．さて本書は，位相同型とはどういうことであるのか，また図形を位相同型のもとに分類するのにどのような方法や道具が用いられているのかを，直感にうったえながらなるべくやさしく解説することを目的としている．

なお，「位相幾何学とは」ということに一言つけ加えておきたい．最近 Milnor (ミルナー)，Smale (スメイル) らによって創始された微分位相幾何学となづけられている分野が位相幾何学者の注目をひいている．そして次第に「位相幾何学とは位相同型のもとに図形を分類しようとする幾何学である」というだけでは到底説明がつかなくなってきている．それならば位相幾何学は何を研究する幾何学であるのだろうか．これに対する明確な答を与えることのできる人は現在いないだろうし，またこのようなことを尋ねようとすることに問題があるかもしれない．幾何学である以上，具体的な図形のある性質について調べようとする学問であることは事実であるが，その方法や定義が確定されていないからこそ，そこに自由性や創造性があって，かえって面白いのではないだろうか．

§2　位相的な考え方をするとよい例

(1)　地図を塗り分ける問題

次頁の左図は1978年現在の東南アジアの１部の地図である．この地図に関してつぎの問題を考えよう．

「この地図に色を塗って国境をはっきり色別しようとするとき，何種類の色が必要であるか」

国境を明らかにするのであるから，隣り合っている国には異なった色を塗らなければならないのは当然であるが，ベトナムとタイのように国境を接していない国には同じ色を塗ってもよい．また１点で国境を接している国には同じ色を塗ってもよいよいし，海にも色を塗って区別できるようにしておく．

さてこの問題を考えるとき，この地図を右図のような簡単な図形に変形してから色塗りしても必要な色の数は変らないことが容易にわかるであろう．このように地図を変形して考え易い簡単な図形に直してから，必要な色の数を数えようとすることに，既に**位相**の考え方がはいっているのである．すなわち，国を区別するのに必要な色

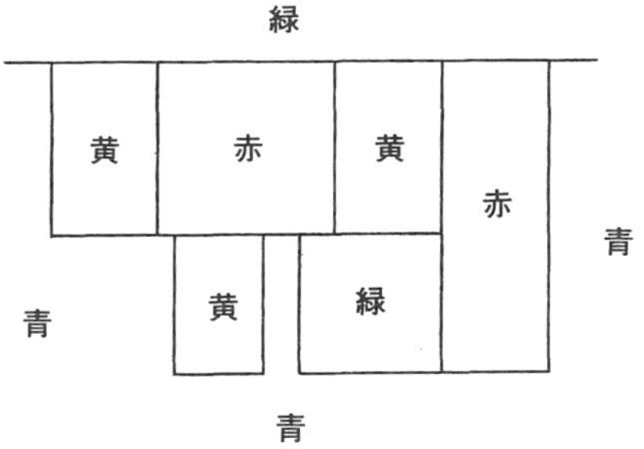

の数は，国の面積の大小や国の形そのものが問題になるのではなくて，これらの国々相互のつながり具合が問題なのである．くねくね曲った国境は真直ぐな直線的な国境におきかえることは位相幾何学の範囲では自由なのである．これらのことは，図形の合同や相似性を調べることを目的としているユークリッド幾何学とは本質的に異なる図形の見方であることを示している．

地球上に将来どのような形の国々ができるかは現在のわれわれには予想できることではないが，たとえ地球上にどのような形の国(ただし，1つの国はつながっているものとしておき，海も1つの国とみなしておく)ができたとしても，これらの国々を4つの色で塗り分けることができるであろうか．

この地図塗り分けの問題は**4色問題**といわれている．この問題は1840年に Möbius (メービウス) が，1850年に de Morgan (ドモルガン)が，1878年に Cayley (ケーリー) がその難かしさを指摘して以来，多くの人達によって考えられてきた．そして1879年に Kempe (ケンペ) がこの問題を解決した筈であったのだが，その証明に本質的な誤りがあり，それ以来多くの人々の努力にもかかわらず今日に到るまで容易に解くことのできない難問題とされてきた．

左図の地図からでも直ぐわかるように，塗り分けるのには4色がどうしても必要な地図があることは明らかである．そして1890年に Heawood (ヒーウッド) は，5色あればどんな地図でも塗り分けられることを示している．問題は4色で十分であるかということである．なお国の数が38より少ない地図ならばどんな地図であっても4色で塗り分けられることを Franklin (フランクリン) が証明している．さて一般の場合であるが，1977年，アメリカの数学者 Appel (アッペル) と Haken (ハーケン) が遂にこの問題を肯定的に解決してしまった．その方法は，地図を約1,500通りの標準地図に帰着させて，それらの地図を計算機を用いて4色で塗り別けられることを確かめる方法である．ともあれ4色問題は肯定的に解決されてしまったが，それに計算機が一役かったことは数学史上画期的なことであろう．

不思議なことに，球面(地球上のこと)より一見複雑そうにみえる図形であるトーラス上に描かれた地図に対しては，この色塗りの問題ははやくから解決されている．そ

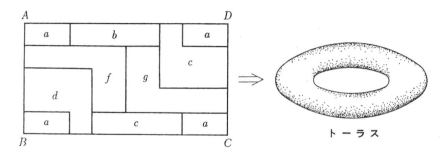

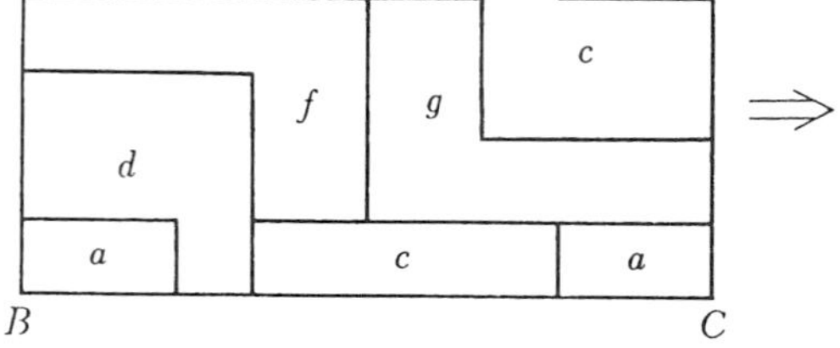

トーラス

の答は「トーラス上では7色必要であり，しかも7色で十分である」となっている．前頁の左図において，辺 $\overrightarrow{AB}$ と $\overrightarrow{DC}$, $\overrightarrow{AD}$ と $\overrightarrow{BC}$ を矢印の方向が合うようにはりつけるとトーラスができるが，この例が7色を必要とする地図の例となっている．

(2) 1筆書きの問題

上の図を1筆書きできるかどうかの問題を考えてみよう．曲線図形を1筆書きするとは，同じ弧を2度通らずに，また筆を紙面から離さずに曲線図形を書きあげることである．さて，これらの図形が1筆書きできるかどうかという問題は，図形をそれぞれつぎのような簡単な図形に直して，その図形が1筆書きできるかどうかという問題におきかえてもよいことが容易にわかるであろう．この1筆書きの問題も，図形の大きさや，図形が合同であるかということが問題ではなくて，本質的なのは線の「つながり方」であり，ここにもユークリッド幾何学と異なる**位相**の考え方がはいっているのをみることができるのである．

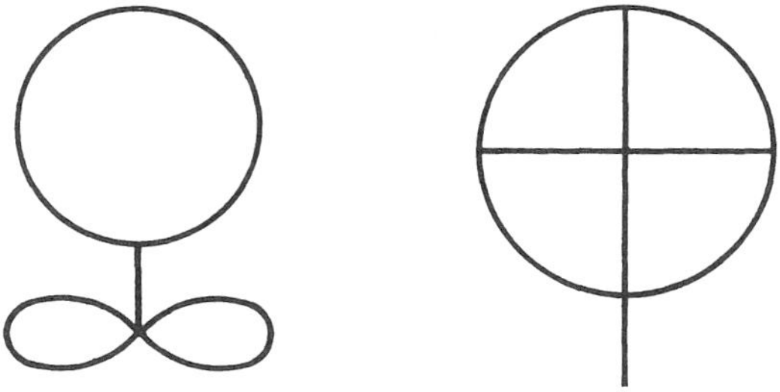

1次元の曲線図形が1筆書きできるかどうかの問題は完全に解決されている．その結果を述べるために，点の次数について説明しよう．

定義 点 a を曲線上の点とするとき，点 a に集まってくる曲線の弧の個数を点 a の

次数という.

例1

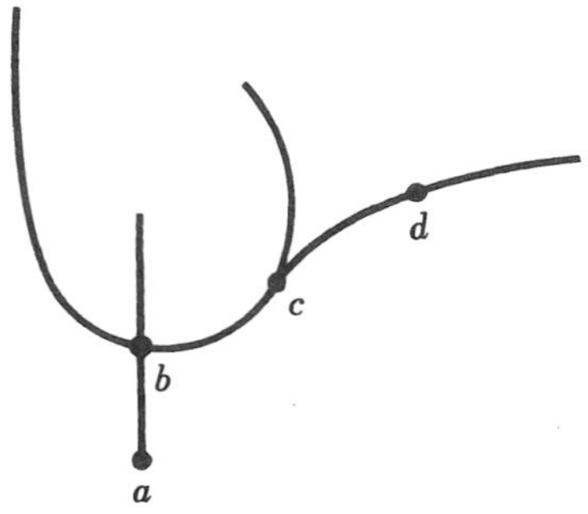

左図において

点 a の次数は 1

点 b の次数は 4

点 c の次数は 3

点 d の次数は 2

である.

さて1筆書きの定理を述べよう. しかしその証明は省略した.

定理2　1次元の曲線図形が1筆書きできるのは, 図形が奇数次数の点を全く含まないか または2個含むときであり, しかもそのときに限る.

さらに詳しくいうならば, 奇数次数の点がないときには, 曲線上のどの点から出発しても1筆書きしてもとの点に戻ることができる. しかし, 奇数次数の点が2個あるときには, 一方の奇数次数の点から出発すると他方の奇数次数の点で終るように1筆書きできるが, 1筆書きしてもとの出発点に戻ることはできない.

例3

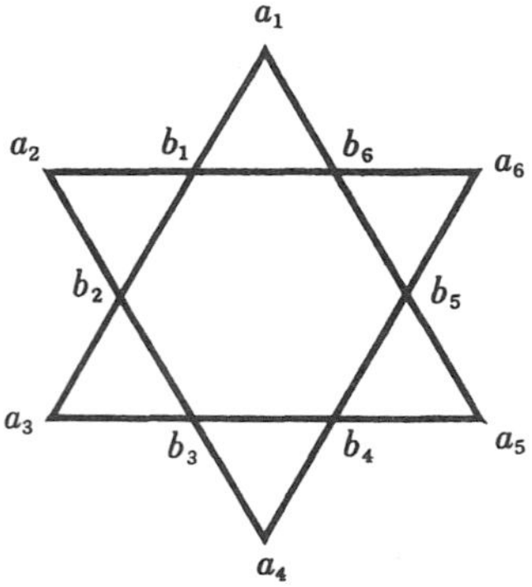

上図においては, 図形の上には奇数次数の点は存在しない. たとえば

点 $a_1, \cdots, a_6$ の次数はいずれも2

点 $b_1, \cdots, b_6$ の次数はいずれも4

である．したがってこの図形は１筆書き可能であり，しかも点 a_1（a_1 に限らずどの点からでもよいが）から出発して a_1 に戻るように１筆書きすることができる(定理２)．

例 4

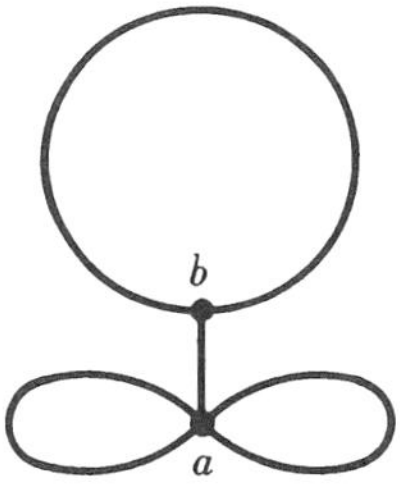

左図において

点 a の次数は 5

点 b の次数は 3

であって，奇数次数の点の個数は 2 である．したがってこの図形は１筆書き可能であり，そして点 a から出発して点 b で終るように１筆書きすることができる（定理２）．

例 5

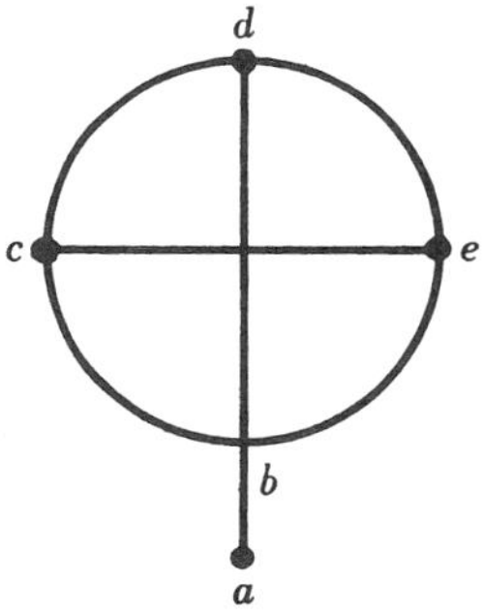

左図において

点 a の次数は 1

（点 b の次数は 4 ）

点 c, d, e の次数はいずれも 3

であって，奇数次数の点が 4 つある．したがってこの図形は１筆書きできない(定理２)．

１筆書きの問題が数学でとりあげられるもとになった有名な Königsberg（ケーニッヒスベルグ）の７つの橋の問題について説明しよう．

次頁の図のように川に７つの橋がかかっている．このとき，ある個所から出発して，７つの橋のどの橋も必ず１度は通り２度以上は通らずに渡り終えることができるであろうか．

この問題の解答を与える前に，この問題の由来についてお話ししておこう．

Königsberg はドイツのある大学町で，哲学者 Kant（カント）が生涯を終えた土地として知られている．その Königsberg の町を流れる川に７つの橋がかかっていたのである．18世紀のあるとき，これらの７つの橋をちょうど１回ずつ渡り切ることができるかどうかということが町の話題になった．そして，それがどうしてもできそうにないらしいということになったが，その証明ができなかったので，当時既に数学の

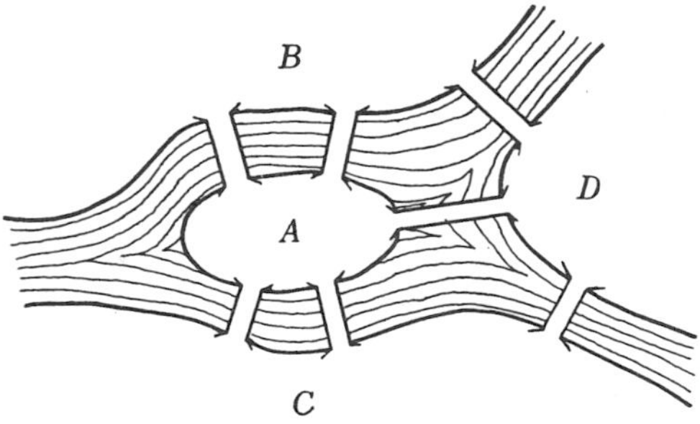

第１人者として地位と名声を得ていたEulerにこの解答を問うことになった．このようにしてEulerがこの問題を解くことになり，この解答を得てロシアの学士院に論文を提出したのである．1735年のことであった．

Euler がこの問題を解いたのであるが，以下に述べるように，その考え方に位相的な見方があるというので，現代の位相幾何学の発生の源がここにあるという人もいる程である．ともあれ，あとで述べる Euler の定理の発見者として，Euler が位相幾何学の発生の原点に立つ人であることには間違いないようである．

さて Königsberg の７つの橋の問題を考えよう．まずわかり易くするために，陸地の A, B, C, D の部分を小さくかくと下図のようになる．このようにかくと図形は非常に変ったようにみえるかもしれないが，このように変形しても７つの橋の問題を解くには何らさしつかえないことは容易にわかるであろう．すなわちもとの Königsberg

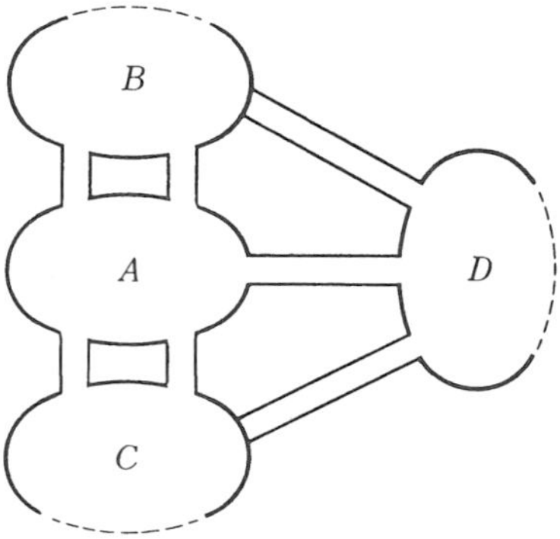

の橋のかかった図形とこの図形とは位相的には変っていないのである．

つぎにさらに思い切って，陸地 A, B, C, D をそれぞれ1点 a, b, c, d に縮めてしまい，また橋の幅も無くして線でかいてしまうと下図のようになる．そうすると，7つの橋をすべて渡り切れるかどうかの問題は，この簡略化された1次元の曲線図形が1筆書きできるかどうかに帰着されているということに気付くであろう．

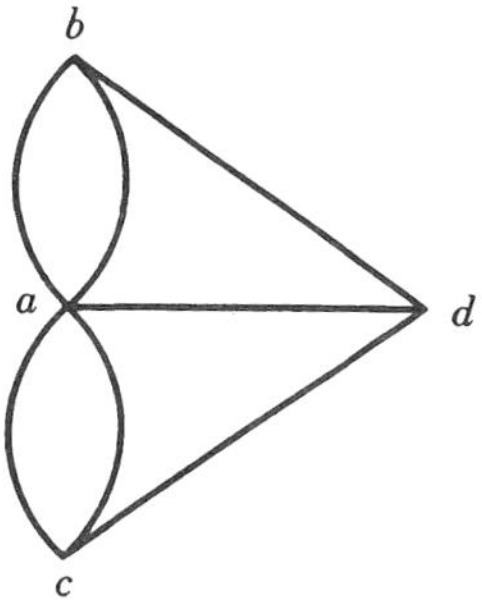

面積のある陸地を1点に縮めてしまったり，橋の幅をなくして曲線にしてしまったりするのはずいぶん思い切った図形の変形であるが，これらは決してでたらめな変形ではない．これは位相同型の範囲を越える変形であって，ホモトピー同値という変形なのである．読者のなかにはこのように変形して考えるとよいと気付く人も多いことであろうし，またそう気付く方がむしろ当り前のように思われる．このように考えると，位相同型にしろ，ホモトピー同値にしろ，その定義を厳密に与えるのはやさしいことではないが，この考え方は Euler に限らずすべての人間が自然に持っている幾何学的感覚であるように思えないだろうか．

話をもとに戻して，Königsberg の7つの橋の問題の解答を与えよう．上図の簡略化した1次元図形において

点 a の次数は5

点 b, c, d の次数はいずれも3

であって，奇数次数の点が4つもあるために上図は1筆書きすることができない（定理2）．したがって Königsberg の7つの橋は，すべての橋を1回ずつ通って渡り切ることができないということになった．

もし仮りに Königsberg に，次頁の左図のように，A と D を結ぶ橋のかわりに B と C を結ぶ橋がかけられていたとしよう．このときには，この図形を次頁の右図のように変形して考えると

点 a, b, c の次数はいずれも4

点 d の次数は2

となってしまい，奇数次数の点がなくなってしまう．したがってこのような橋ならば，

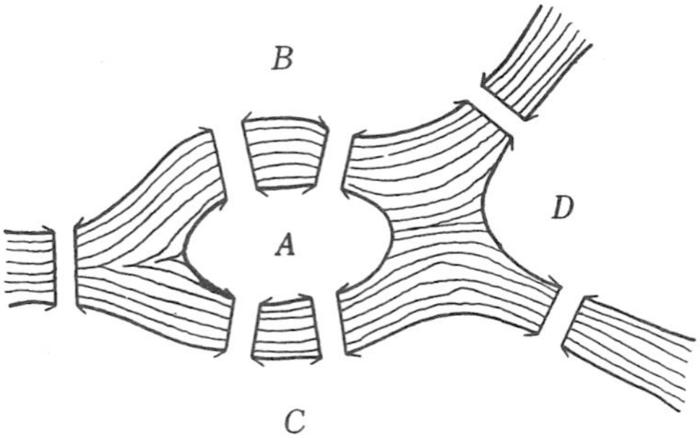

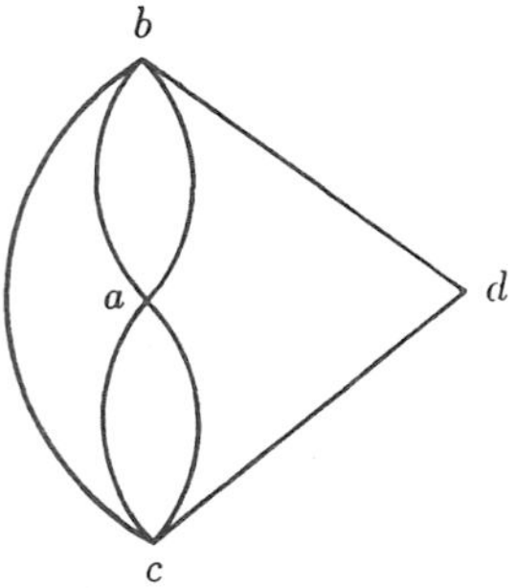

要求通り7つの橋を1回ずつ渡り終えるどころか，もとの位置に戻ることもできるのである．クレオパトラの鼻のたとえではないが，もし7つの橋がこのようにかかっていたならば，Euler はこの問題を考えなかっただろうし，位相幾何学の発生点も少しおくれていたかもしれない．

(3) **Möbius の帯**

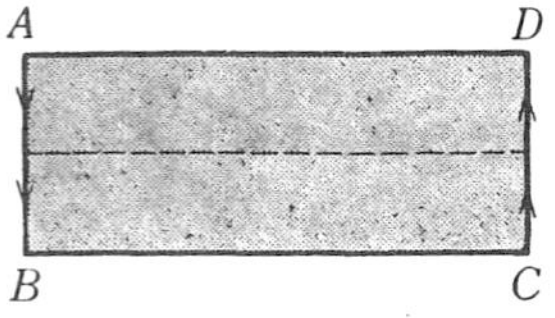

$\Rightarrow$

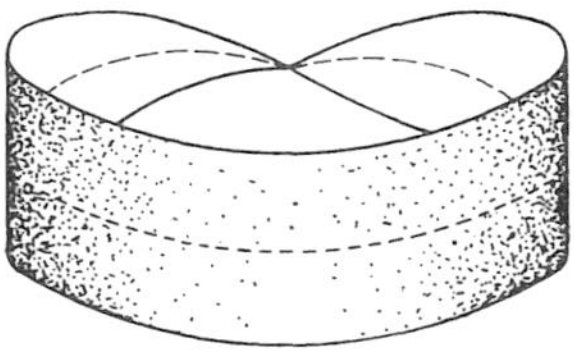

長方形の紙片の1辺 $\overrightarrow{AB}$ を180° ねじって向いの辺 $\overrightarrow{CD}$ にくっつけた図形を **Möbius の帯** という．この輪になった Möbius の帯の真中(上図の点線の部分) を鋏で切っていくとどうなるであろうか．実際に切ってみると直ぐわかるように，輪は2つに離れなくて1つのままである．この現象は Möbius の帯の幅の大きさや長さが問題ではなくて，帯が紙片を1回ねじって作られていることが重要なのである．すなわち，ここにも **位相** の考え方がはいっており，これはユークリッド幾何学の「合同」の概念とは本質的に異なる図形の性質なである．

長方形の紙片の1辺 $\overrightarrow{BA}$ を向かいの辺 $\overrightarrow{CD}$ にねじらずにそのままくっつけると，次頁の右図のような円柱ができる．この円柱の真中（次頁の図の点線の部分）を鋏で

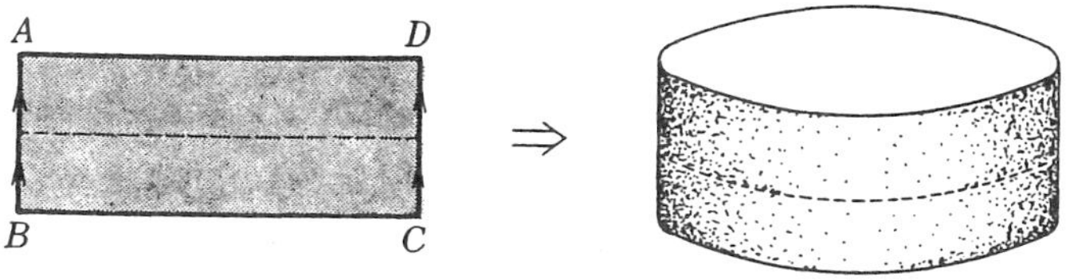

切ると，円柱は2つの円柱に別れてしまう． 円柱のこのような性質は Möbius の帯と異なっている性質である．だからこれらの実験は単なる遊びではなくて，Mobius の帯と円柱とは「位相的にも違う図形らしいぞ」という感じをいだかせるに十分な実験となっている．

なお Möbius の帯は，われわれの予想を裏切るような奇妙な図形の例として興味本位に引き合いに出されているのではなくて，これは射影平面や，また最近はやりのベクトル束の K 理論，あるいは多様体のコボルディム理論に関係のある非常に重要な基本図形であることを，Möbius の帯のために一言弁明しておく．

以上あげた3つの話題「地図を塗り分ける問題」「1筆書きの問題」「Möbius の帯を鋏で切る問題」はそれぞれ小学校 4,5,6 年の数学教材にも組み入れられているので，ここで特にとりあげて説明しておいた．

§3　図形が位相同型であるという感じ

2つの図形が位相同型であるという厳密な定義はあとで述べることにして，ここで

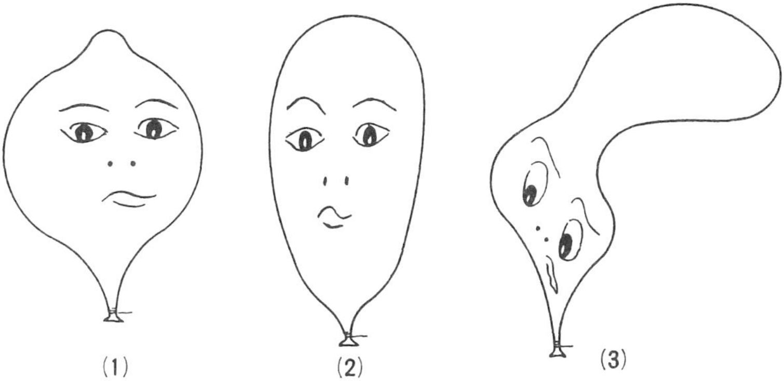

(1)　(2)　(3)

は 図形が位相同型であるということを直感的に理解し，その感じをつかむことにしよう．

顔を描いたゴム風船をふくらませてみよう．ゴム風船は いろいろの形をしながらふくらんでいくだろうが，これらの風船の間には，目と目，口と口，鼻と鼻 というように1対1に対応しており，さらに目や眉毛等も切れ切れにならずに互いに 連続的に対応している． このようなときこれらの風船は互いに**位相同型**である（または**同相**である）という．たとえば前頁図 (1) と (2) の 2 つの風船は位相同型であるというわけである．前頁図(3) の風船は頭にコブができて顔がゆがんでいるけれども，(1)の風船との間に連続的な 1 対 1 の対応がつくことに変りなく，したがって (3) と (1) は位相同型で あるわけである． 本書では位相同型であることを示す記号として $\cong$ を用いることにする． すると 上に述べたことは，記号

$$(1)\cong(2)\cong(3)$$

で表わされる．

(1) の形のゴム風船をふくらませていくとき， 決してつぎの (4) の形にはならないであろう．(4) の風船のように離れた部分があると， (1)と(4)の風船の間には連続的な対応がつかないので，(1) と (4) は位相同型でないというのである． また (1) の形

(4)

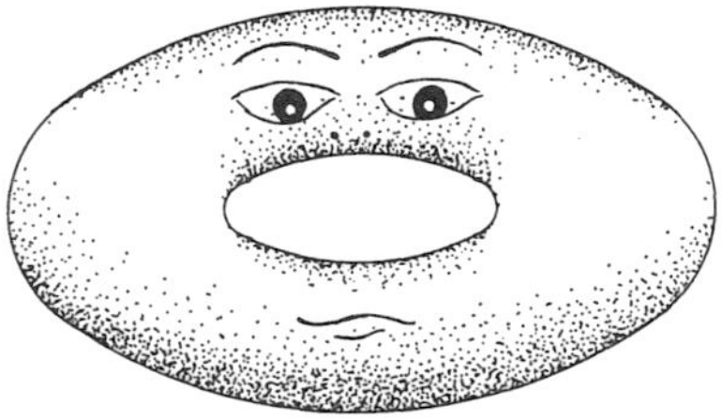

(5)

のゴム風船は 決して (5) のトーラス形の風船にふくらむこともないので， (1) と (5) も位相同型でないわけである：

$$(1)\not\cong(4), \qquad (1)\not\cong(5)$$

同様な理由で，(4) と (5) も位相同型でない：(4)$\neq$(5).

位相幾何学では，位相同型である図形は位相的に同じ性質をもつ図形として区別せずに同じとみなすことになっている．したがって図 (1) から (5) までの 5 つの風船を位相同型のもとに分類すると 3 種類になるというわけである．

(1) 線のつながり

1 次元図形，すなわちつぎの例 6 のような曲線図形の範囲内で位相同型の考え方に慣れることにしよう．そのためには，曲線を鋼鉄の針金でできていると思わずに，柔らかいゴム紐でできているものと思って自由に変形して考えると考えやすいであろう．しかしここでは位相同型の厳密な定義を未だ与えていないので，直感的に理解していただく以外に仕方ないわけである．

例 6

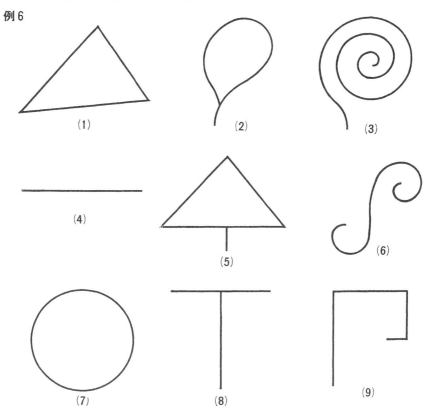

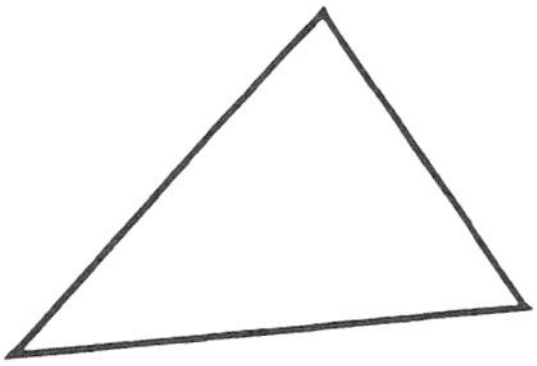
(1)

(2)

(3)

(4)

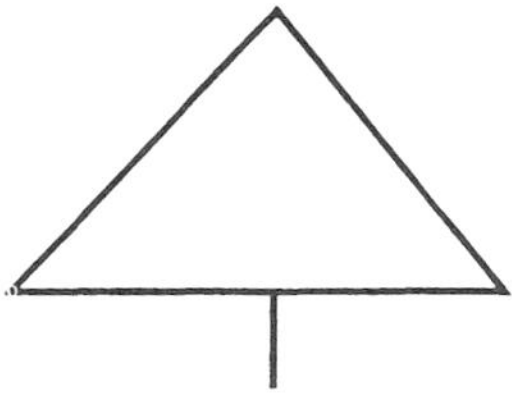
(5)

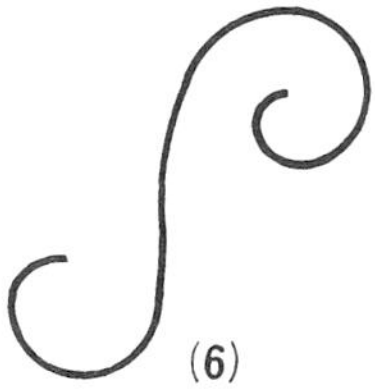
(6)

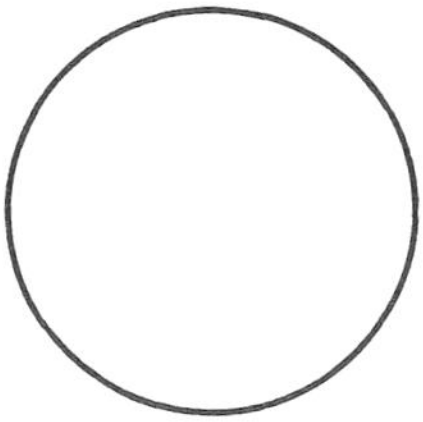
(7)

(8)

(9)

(10)

(11)

(12)

(13) 両端点を含まない線分

(14) 直　線

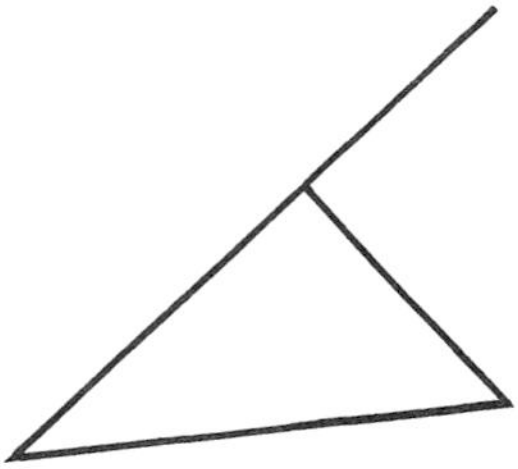

(15)

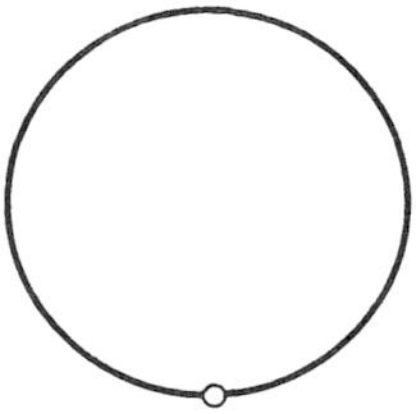

(16) 1点を除いた円

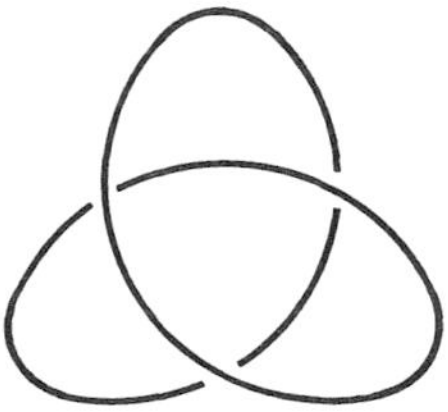

(17)

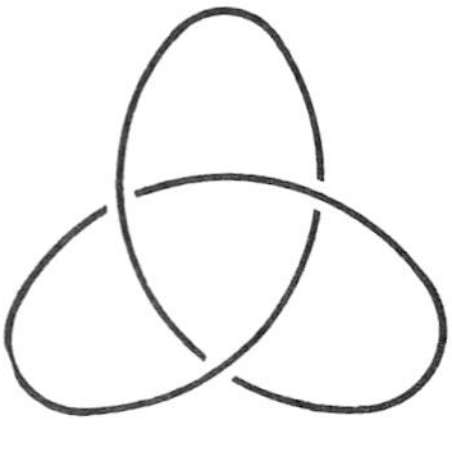

(18)

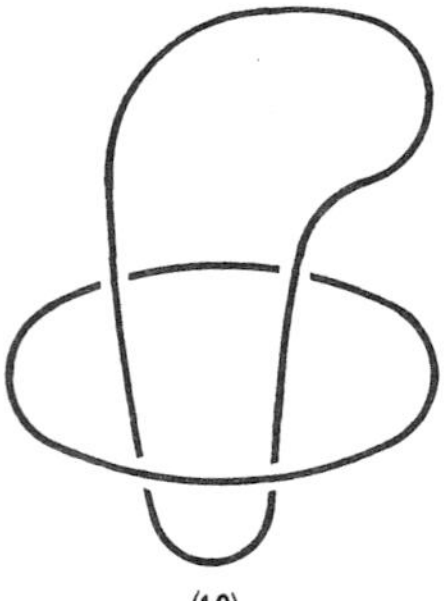

(19)

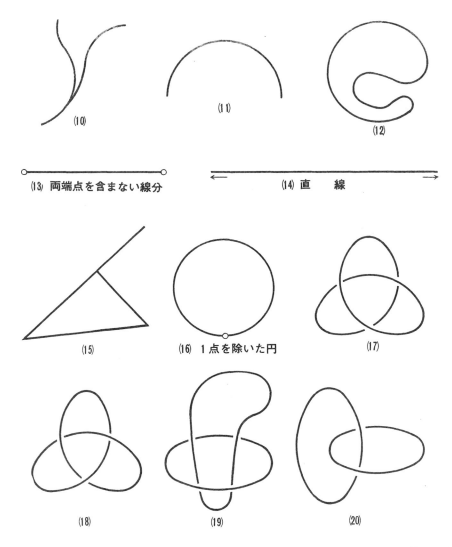

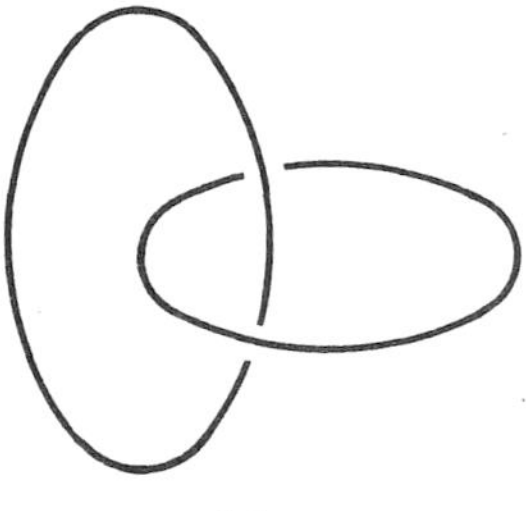

(20)

これら (1) から (20) までの曲線図形を位相同型のもとに分類しよう．この答はつぎのようになる．

$$(1) \cong (7) \cong (12) \cong (17) \cong (18)$$

(2) ≅ (5) ≅ (15)
(3) ≅ (4) ≅ (6) ≅ (9) ≅ (11)
(8) ≅ (10)
(13) ≅ (14) ≅ (16)
(19) ≅ (20)

読者のなかには (4) と (13) が位相同型であると思った人もあるかもしれない．位相同型の定義を与えていない現時点ではそれは無理からぬことであって，ここでは何ともいえないが，実は線分は端点があるとないとでは位相構造が非常に異なっているのである：

このことは位相同型の定義を読んだだけで直ぐわかることではなくて，図形のある位相的な性質に着目してはじめて位相同型でないと結論できるのである．位相幾何学とは，２つの図形が位相同型でない証拠を示す道具をみつける学問であるともいえる程である．しかし，与えられた２つの図形が位相同型であるか否かを判定するのはなかなか難かしく，一般には容易なことではないのである．

また (17) (18) の２つの図形は位相同型でないと思った人もあるかもしれない．その理由として，(17) は紐がはずれて (7) のような円になるが，(18) の紐はどうしてもはずれなくてひっぱると結べることをあげるだろう．しかし，実は (17) の紐と (18) の紐は互いに位相同型なのであって，紐をひっぱると結べるとか結べないとかいうのはほかに理由があるのである．だから紐をひっぱると結べるとか結べないとかいうことは紐自身の位相的な性質ではない．それは紐の空間のなかに埋め込む方法が違っているからなのである．このことは後でもう少し詳しく述べるであろう．(19) (20) についても同様である．

例７　つぎのアルファベット 26 文字を位相同型のもとで分類しよう．

A B C D E F G H I J K L M N
O P Q R S T U V W X Y Z

この答はつぎのようになる．

C≅I≅J≅L≅M≅N≅S≅U≅V≅W≅Z
D≅O≅○   E≅F≅T≅Y
G≅H≅K   P≅○−
Q≅8−   X≅⼉

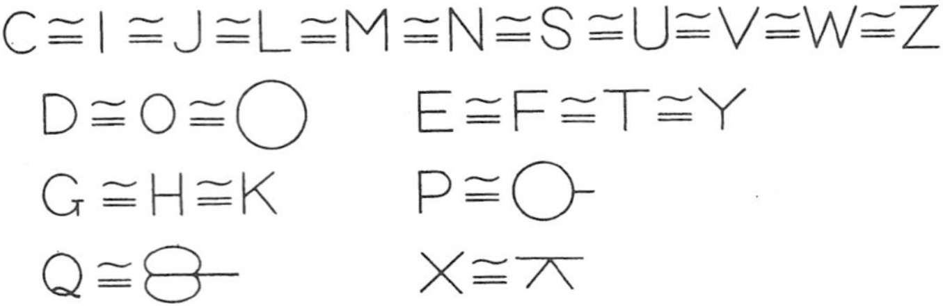

アルファベットの文字をこれらの文字と違って書く人も多いことだろう．たとえば A を A と書くときには A は T と位相同型となり，B を B と書くときには B は8の字 8 に位相同型となり，また Q も Q と書くときには Q は Q に位相同型となり，さらに R（ R と異なる）と位相同型になる．

(2) 面のつながり

2次元図形，すなわちつぎの例8のような曲面図形の範囲内で位相同型の考え方に慣れることにしよう．ここでもやはり，図形はゴムでできていると思って自由に変形して考えると考えやすいであろう．なお位相同型の定義を未だ与えていないので，直感にたよるしかないのは1次元図形のときと同じである．

例8

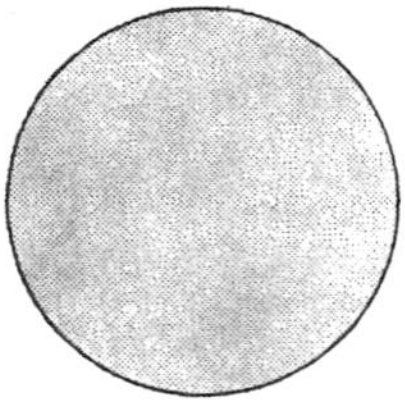

(1) 円　板　　(2) 球　面　　(3) 3角形板

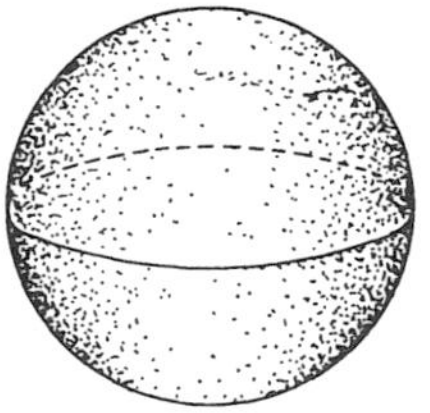

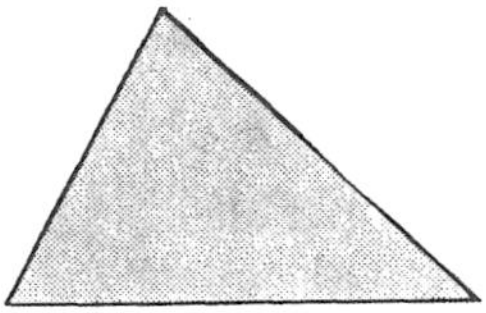

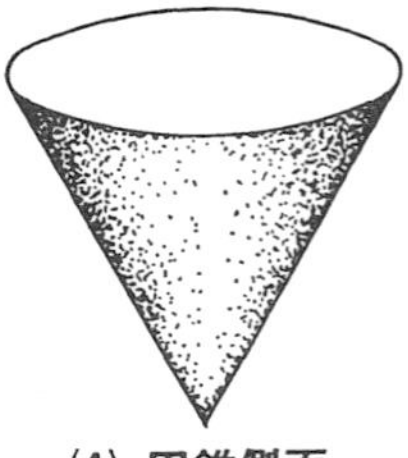

(4) 円錐側面　(5) トーラス　(6) 円柱側面

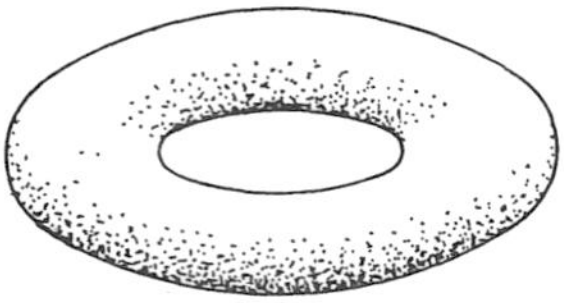

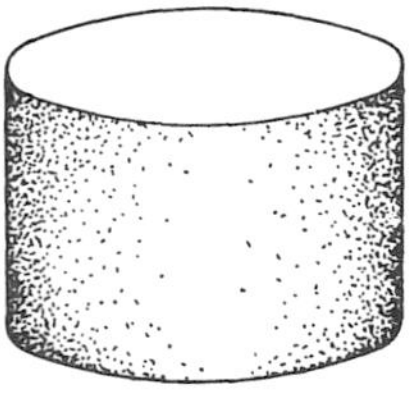

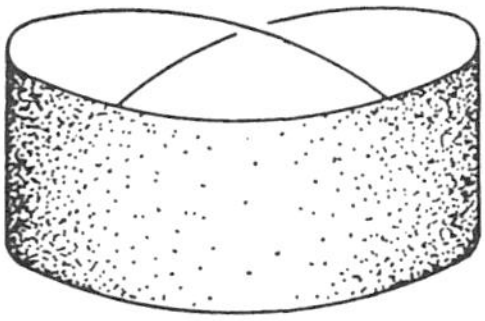

(7) Möbius の帯

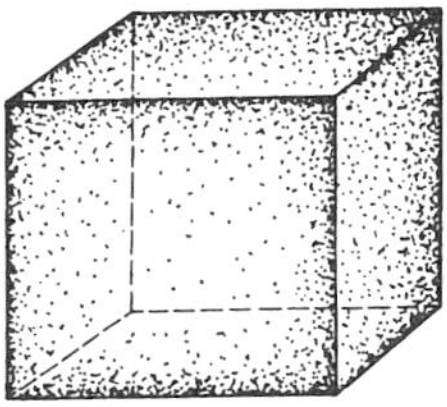

(8) 立方体の表面

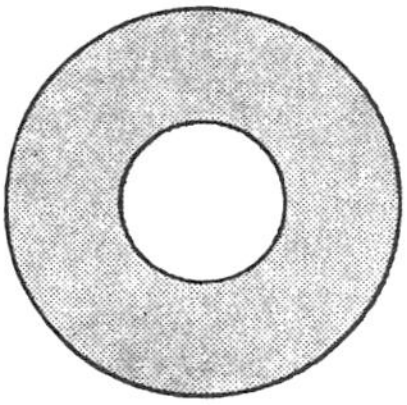

(9) 同心円板

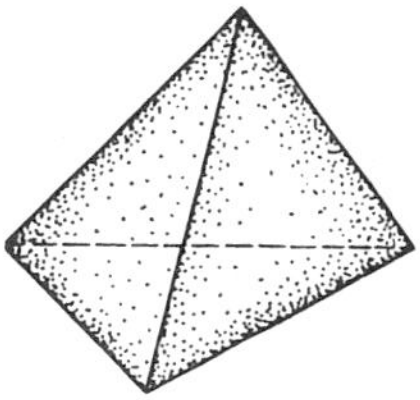

(10) 4面体の表面

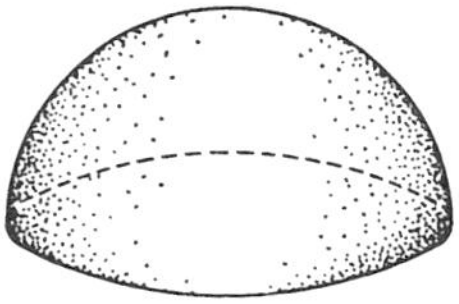

(11) 半球面

(12) 正方形板

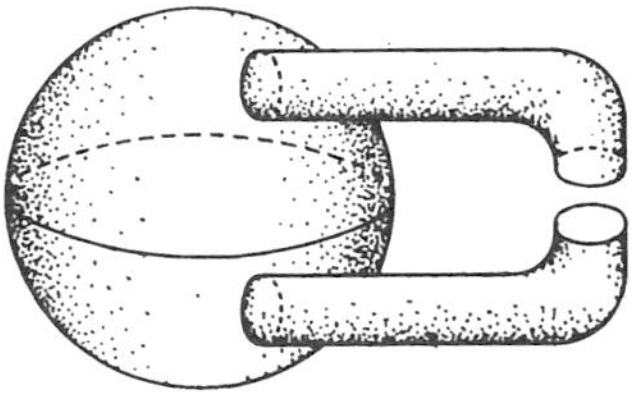

(13) 2本の角の生えた球面

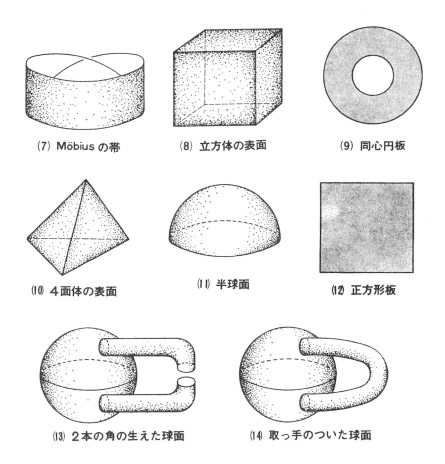

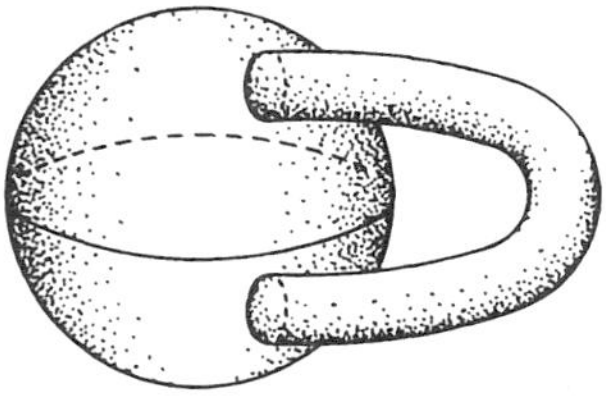

(14) 取っ手のついた球面

これら (1) から (14) までの曲面図形を位相同型のもとに分類しよう．この答はつぎのようになる．

$$(1)\cong(3)\cong(4)\cong(11)\cong(12)$$
$$(2)\cong(8)\cong(10)\cong(13)$$
$$(5)\cong(14)$$
$$(6)\cong(9)$$
$$(7)$$

例として (6) の円柱側面と (9) の同心円板が位相同型である感じを説明して おこう. 下図のように円柱の上底をひろげ下底をせばめて 上から押しつけると, (6) の図形から (9) の図形が得られる だろう.

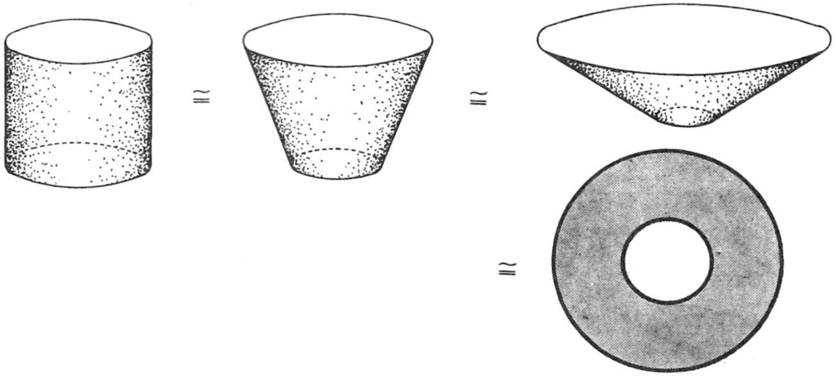

例 9　例 8 の図形から 1 点や直線などを除いた図形 (次頁の図形) を考えてみよう. これら (15)-(23) の図形を位相同型のもとに分類すると, その答はつぎのようになる.

$$(15)\cong(20)$$
$$(16)\cong(18)\cong(22)\cong(23)$$
$$(17)\cong(19)\cong(21)$$

またこれらの図形は例 8 のどの図形とも位相同型でない.

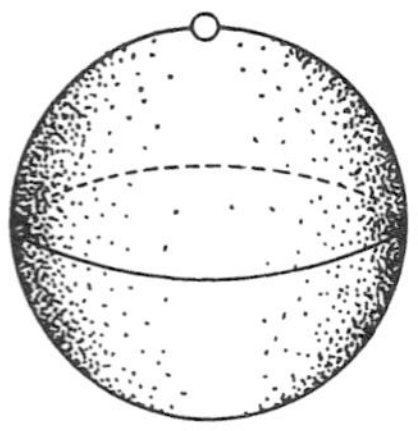

(15)　1 点を除いた球面

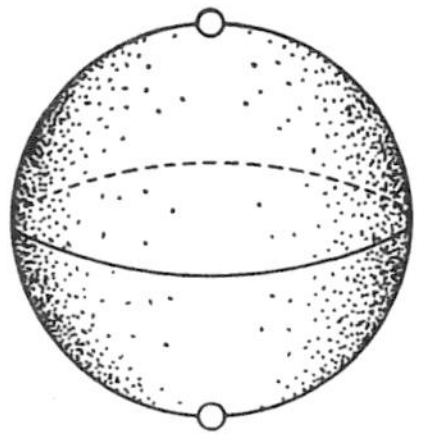

(16)　2 点を除いた球面

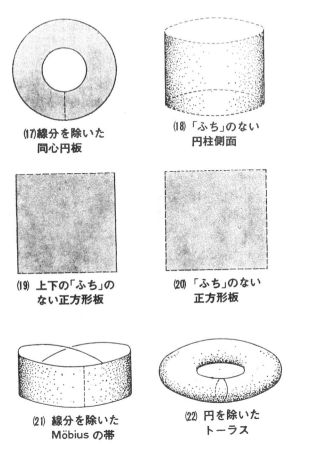

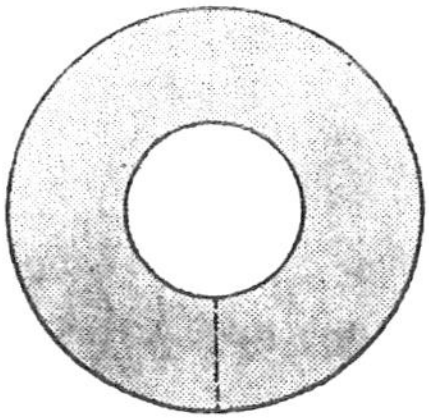

(17) 線分を除いた同心円板

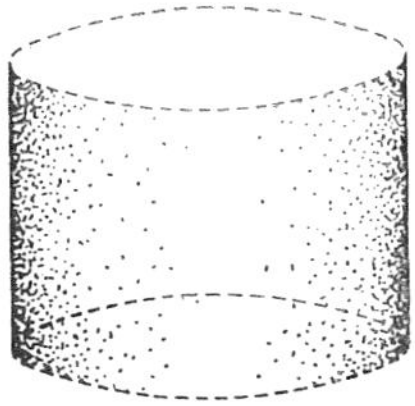

(18)「ふち」のない円柱側面

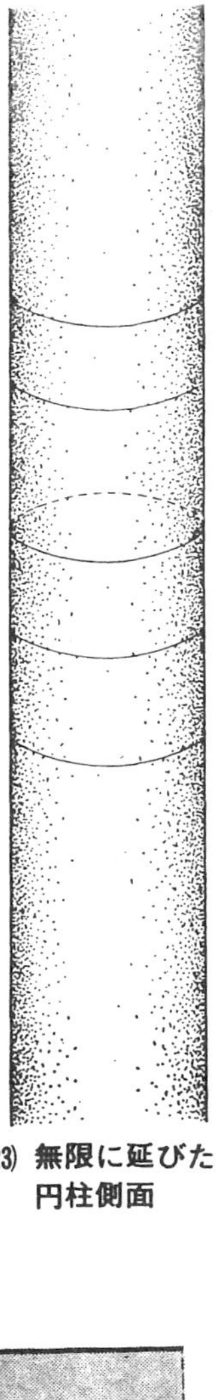

(19) 上下の「ふち」のない正方形板

(20)「ふち」のない正方形板

(21) 線分を除いた Möbius の帯

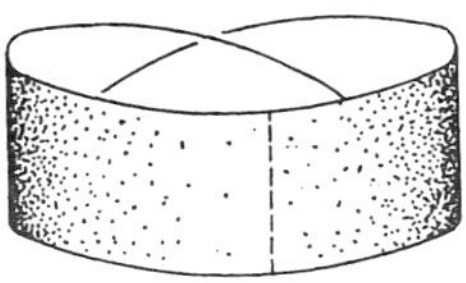

(22) 円を除いたトーラス

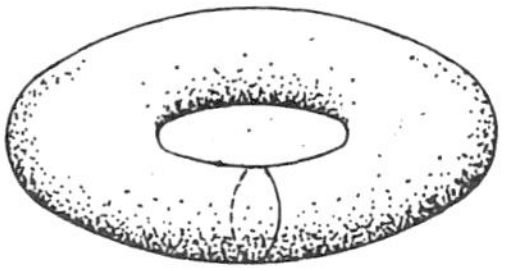

(23) 無限に延びた円柱側面

(17) の図形が (19) の図形に位相同型になる感じを説明しておこう．同心円板から (17) の図形のように１本の線

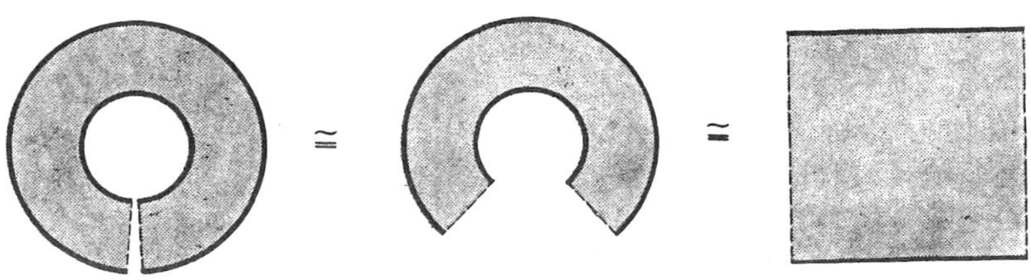

分を取り除くと，残った部分の図形は前頁左図のような図形になっている．そして，その取り除いた部分を次第に広げていくと，やがて (19) の図形になるのである．

もう1つ (15) の図形と (20) の図形が位相同型である感じを説明してみよう．球面をゴム風船とみて，その風船の1箇所に穴をあけたとする．すると，その穴から風船が破れて，下の図のように穴が次第に大きくなって，ついに (20) のような「ふち」のない正方形板になるのである．

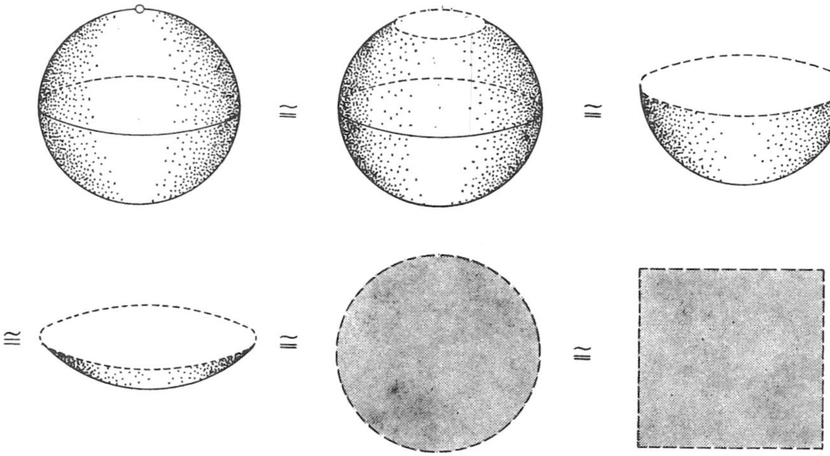

(3) 立体のつながり

立体図形についても，位相同型である図形の例を少しあげておこう．

例10 下の左図のような花瓶は中味のつまったボールと位相同型である．(ただし

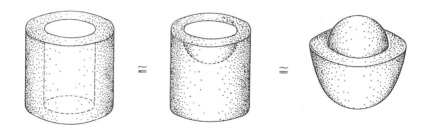

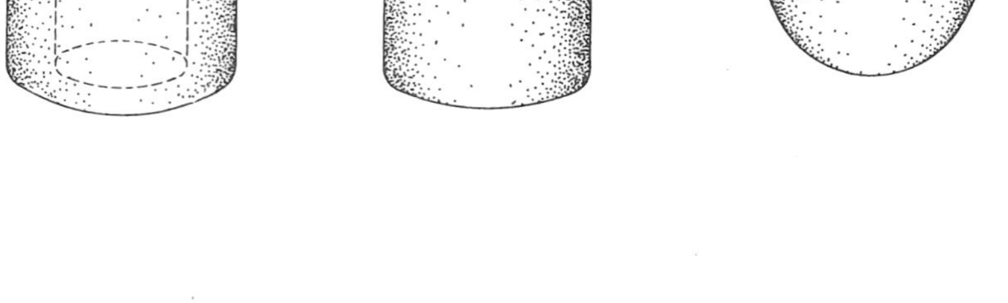

≅ 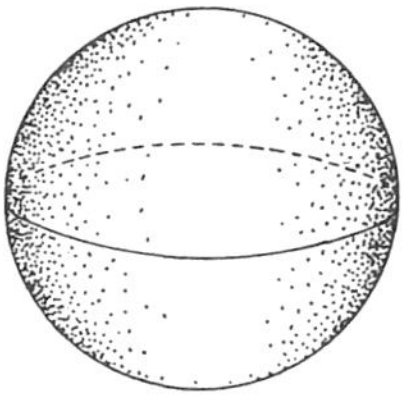

花瓶には厚味があり，その中はつまっているものとする）．それは，花瓶の内側の壁を次第に盛り上げていくと，ボールの形になっていくからである．

例11 つぎの3つの立体図形は互いに位相同型である．（ただしこれらの図形の中味はつまっているものとする）．

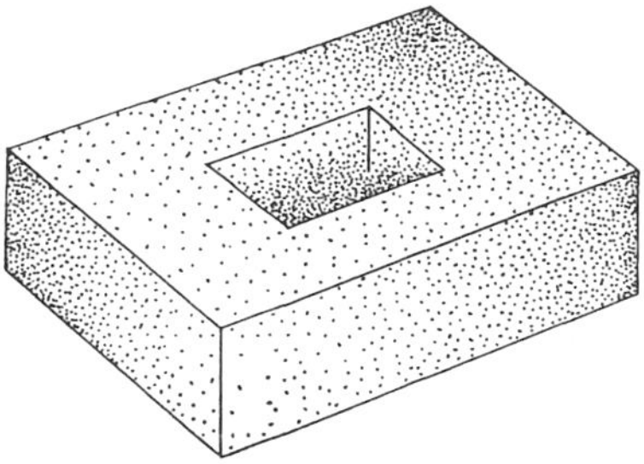 ≅ 

≅ 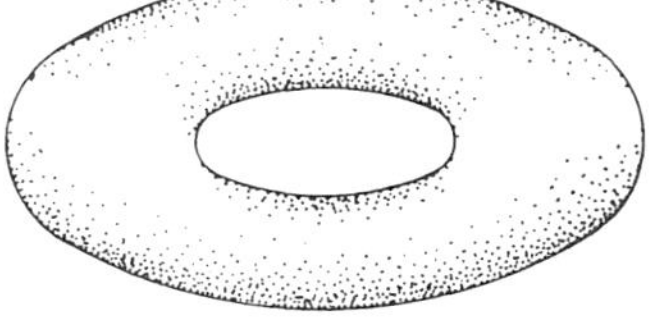

例12 つぎの4つの立体図形は互いに位相同型である．（ただし，これらの図形の中味はつまっているものとする）．

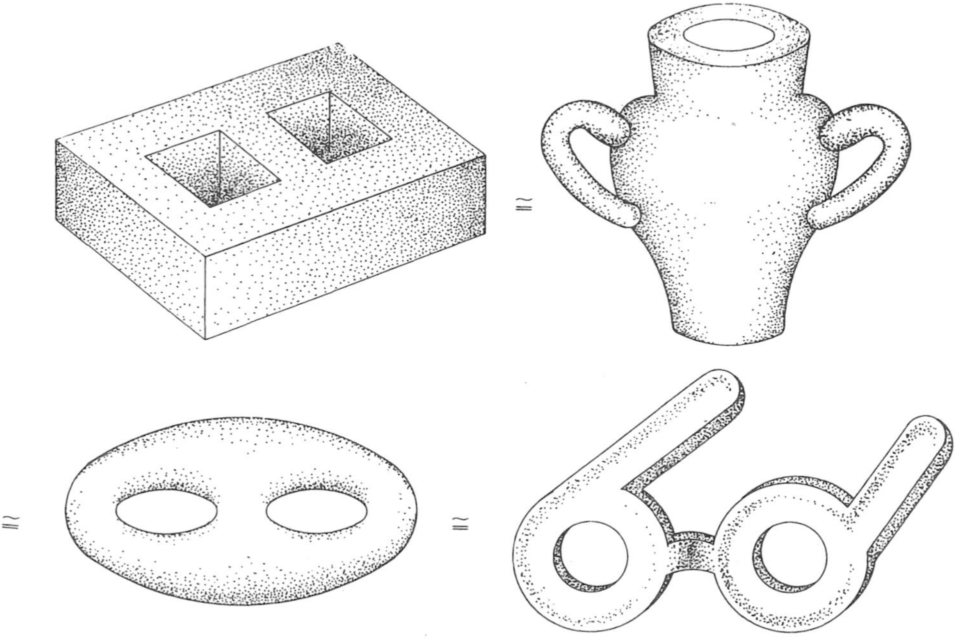

(4) いろいろの図形

(1)(2)(3) 節でそれぞれ 曲線, 曲面, 立体 図形の例をあげてそれらの間の位相同型について説明したが, 図形のなかにはこれらが混合しているものももちろんあるわけである. たとえば 右図のような図形は曲面と曲線とが混合している. 図形のなかにはずいぶん複雑な図形があって, たとえ 2 次元の曲 面図形であっても 3 次元の空間の中に描けないことなどは極く普通のことであり, なかには 人工的に故意につくったとしか思えないような奇妙なものもある. 位相幾何学の理論は, 当然これらの奇妙な図形も網羅したものでなけれ

ばならないので，具体的な直感を尊重しながらも，その定義は厳密でなければならないし，理論の構成も慎重でなければならないわけである．

奇妙な図形と思われるものの例として，Alexander（アレキサンダー）が考え出した**角の生えた球面**とよばれている有名な図形を紹介しよう．

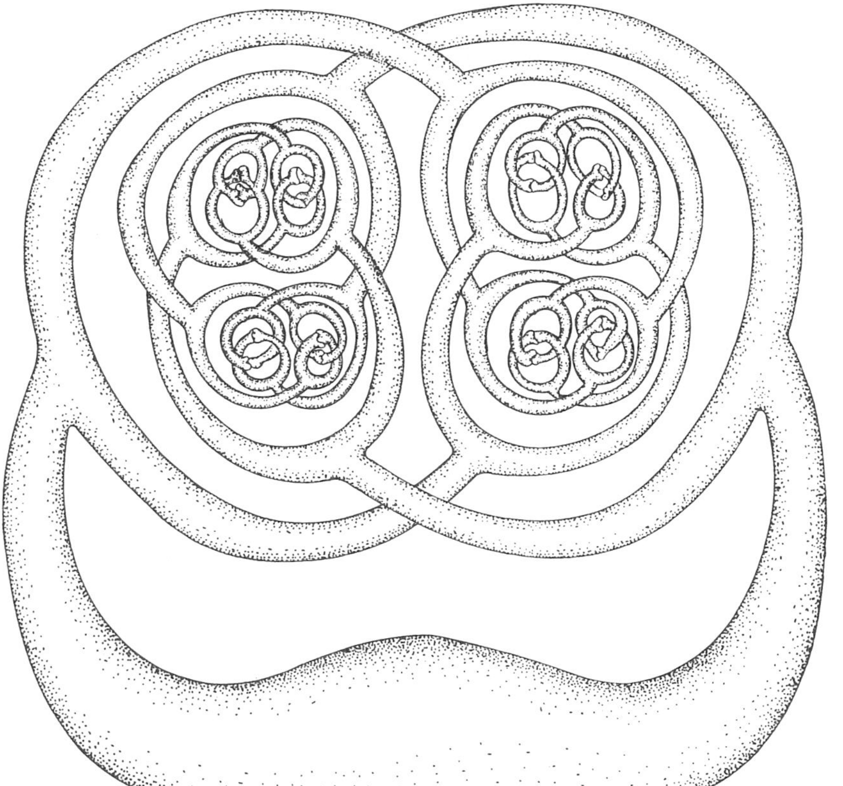

この図形は球面から２本の角を出し，その角の先からまたそれぞれ２本の角を出し……という操作を無限回行った図形である．そしてこの複雑な形の「角の生えた球面」は

実は普通の球面と位相同型なのである．球面とはボール球の表面のことであって，極く簡単な図形であると思うかもしれないが，その仲間にこのような複雑な図形もあるということは忘れてはいけないことであろう．この角の生えた球面は図形そのものは球面と同じであるが，空間 $\boldsymbol{R}^3$ への埋め込み方が異なっている．このことは例 6 (19) (20)の関係に似ており，後でもう一度説明するであろう（例 112）．

§4　図形がホモトピー同値であるという感じ

すべての図形を位相同型のもとに分類しようとするのが位相幾何学の最終目的なのであるが，図形を位相同型のもとで分類すること，すなわち分類するための必要十分な道具を見つけることは実は不可能といえる程難かしい問題なのである．だから位相幾何学では，位相同型よりももっと荒い分類である**ホモトピー同値**という考え方を用いて分類することも多い．ここではそのホモトピー同型の定義を与えないで，つぎに述べる事実のみを認めて，直感にたよりながら話を進めていくことにしよう．なお 2 つの図形 X, Y がホモトピー同型であることを本書では記号

$$X \simeq Y$$

で表わすことにする．

さて，ここで認めていただくことは

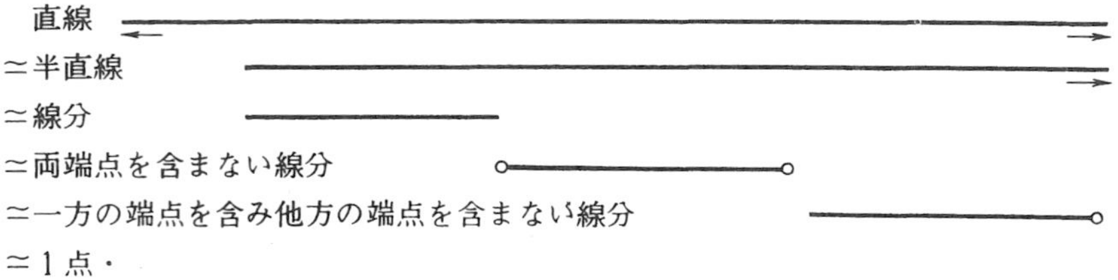
直線
≃半直線
≃線分
≃両端点を含まない線分
≃一方の端点を含み他方の端点を含まない線分
≃1点・

の事実である．すなわち，直線的な図形はすべてホモトピー同型の意味で 1 点とみなしてしまうのである．なお 2 つの図形 X, Y が位相同型ならばホモトピー同型である：

$$X \cong Y \quad ならば \quad X \simeq Y$$

という事実も認めていただかないと困る．ともあれ，つぎにあげる例 13-例 20 により

ホモトピー同型の感じに慣れることにしよう．

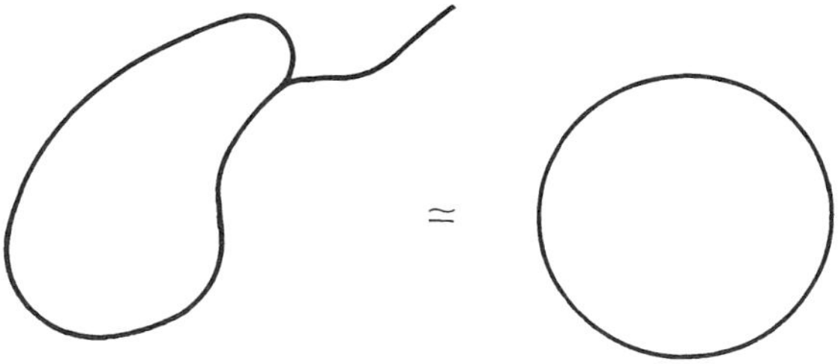

例 13　上の左図のような毛の生えた円は円にホモトピー同型である．実際，生えている毛，すなわち線分の部分を根本の１点に縮めてしまうと円になってしまうからである．（この２つの図形はホモトピー同型であるが位相同型でない）．

例 14　例６であげた１次元図形 (1)-(20) をホモトピー同型のもとで分類しよう．この答はつぎのようになる．

$(1)\simeq(2)\simeq(5)\simeq(7)\simeq(12)\simeq(15)\simeq(17)\simeq(18)$

$(3)\simeq(4)\simeq(6)\simeq(8)\simeq(9)\simeq(10)\simeq(11)\simeq(13)\simeq(14)\simeq(16)$

$(19)\simeq(20)$

例 15　つぎのアルファベット 26 文字（例７と同じである）をホモトピー同型のもとで分類しよう．

A B C D E F G H I J K L M N
O P Q R S T U V W X Y Z

A は -○- に位相同型であった（例７）が，この生えている２本の線分を根本に縮めると ○ になる．したがって A は円にホモトピー同型である．B は ⊖ に位相同型であった（例７）が，この真中の線分の部分を１点に縮めると 8 となる．したがって B は８の字にホモトピー同型である．以下同様な考え方をすると，答はつぎのようになる．

$$A \simeq D \simeq O \simeq P \simeq R \simeq \bigcirc$$

$$B \simeq Q \simeq 8$$

$$C \simeq E \simeq F \simeq G \simeq H \simeq I \simeq J \simeq K \simeq L \simeq M$$
$$\simeq N \simeq S \simeq T \simeq U \simeq V \simeq W \simeq X \simeq Y \simeq Z \simeq \text{1点}\cdot$$

例 16　円板は１点にホモトピー同型である.

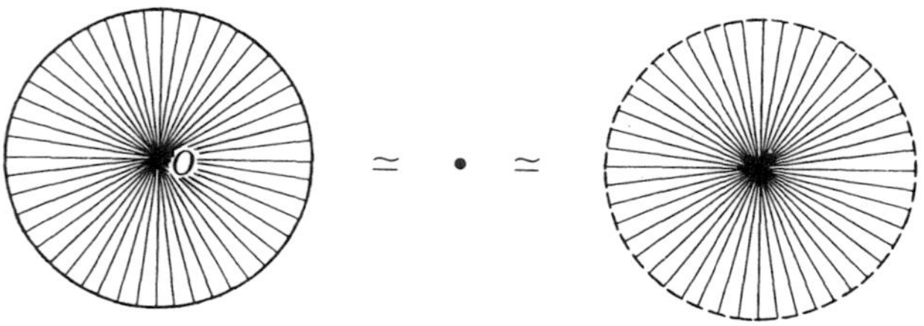

これをつぎのように理解することにしよう. 円板の中心 O から上の左図のように半径をあらゆる方向に描くと, これらの半径は円板を隈なく埋めるが, これらの半径を中心 O に縮めると円板は１点 O になってしまう. したがって, 円板は１点にホモトピー同型であると理解するわけである. 同様な考え方をすると,「ふち」のない円板も１点にホモトピー同型になることがわかる. さらに中味のつまったボールも半径に沿って縮めてしまうと中心の１点になってしまうので, 中味のつまったボールは１点にホモトピー同型である.

例 17　下の左図のような手のついた籠は円とホモトピー同型である.

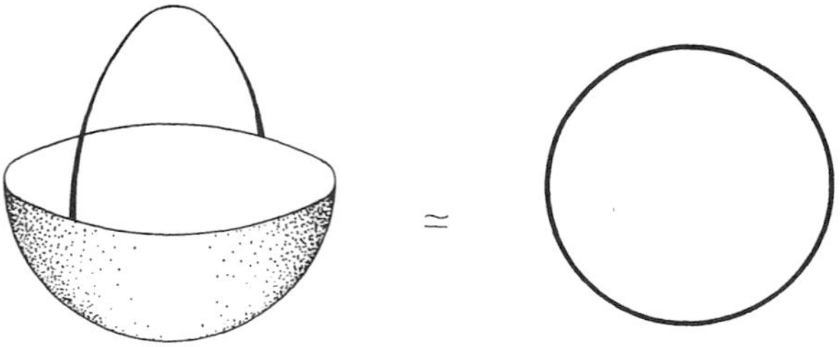

それは籠の下の部分を１点に縮める（例16）と，手の部分の両端がくっついて円となってしまうからである．

例 18　同心円板は円にホモトピー同型である．

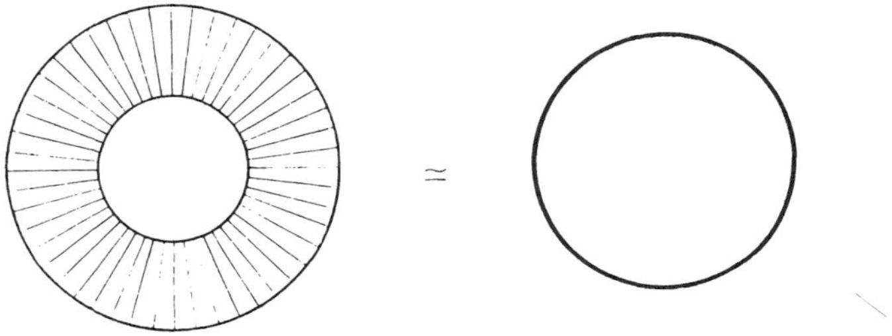

それは同心円板を上の左図のような線分に沿って同時に外側の円(内側の円でもよい)に縮めるとよい．

例 19　円柱側面は円とホモトピー同型である．

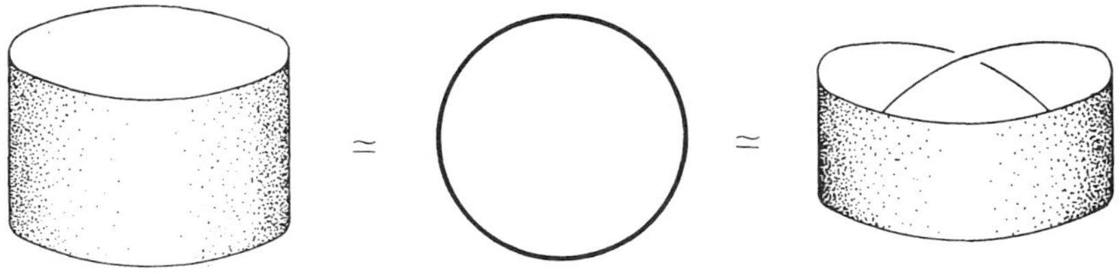

それは円柱側面の各母線を下方の円の根本の１点に縮めてしまうとよい．すなわち円柱側面を上から押しつぶしてしまうと円になるだろうというわけである（なお例18も参照のこと(例８))．同様に考えると，Möbius の帯も円にホモトピー同型であることがわかる．実際，Möbius の帯の「ふち」をたどるとそれは円であり，その円の各点に線分がくっついており，それらの線分で Möbius の帯が構成されているという性質は円柱側面と同じであるからである．円柱側面と Möbius の帯とは位相同型のもとでは異なる図形であるが，ホモトピー同型の分類の範囲内では区別がつかない図形なのである．

例 20 例 16, 18, 19 を参考にして，例 8, 9 の曲面図形 (1)—(23) をホモトピー同型のもとに分類しよう．この答はつぎのようになる．

(1) ≃ (3) ≃ (4) ≃ (11) ≃ (12) ≃ (15) ≃ (17) ≃ (19) ≃ (20) ≃ (21) ≃ 1 点
(2) ≃ (8) ≃ (10) ≃ (13) ≃ 球面
(5) ≃ (14) ≃ トーラス
(6) ≃ (7) ≃ (9) ≃ (16) ≃ (18) ≃ (22) ≃ (23) ≃ 円

例 21 下の図のような 2 つの人形の首はホモトピー同型である．

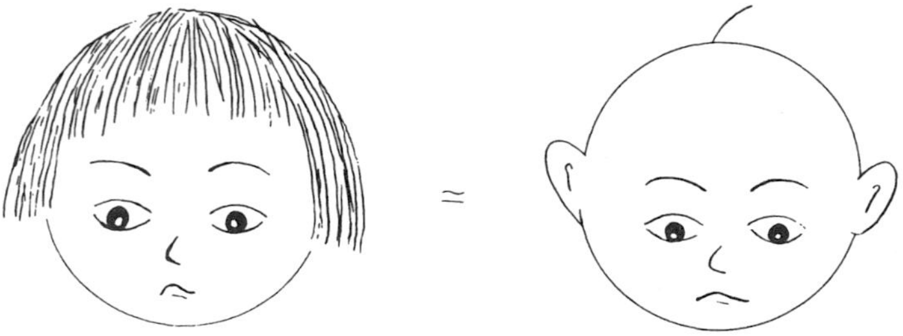

毛がいくら生えていても，ホモトピー同型のもとでは毛は重要ではなくて，重要なのは頭や顔の部分なのである．しかし毛がもつれていると話が違ってくるので，そうでないとしておかねばならない．もちろん頭や顔の中味がつまっているといずれも 1 点にホモトピー同型になってしまう (例16) のだが．

例 22 つぎの 6 つの図形はいずれもホモトピー同型である．

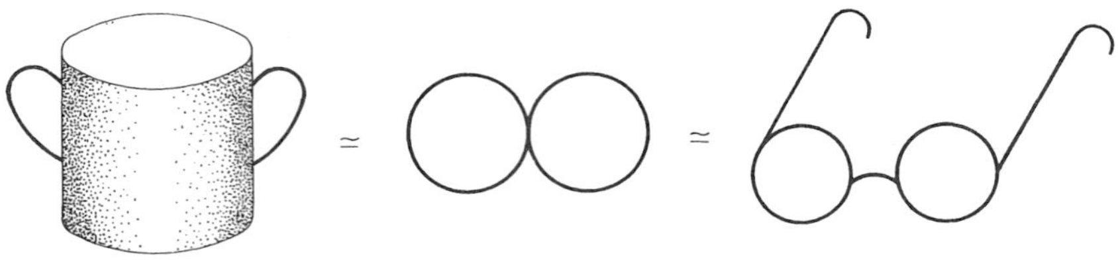

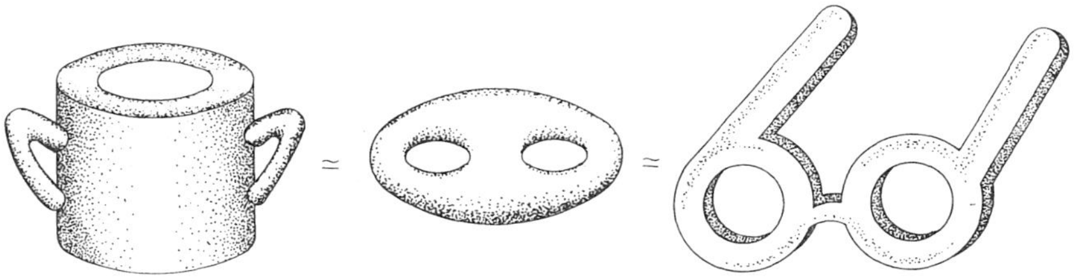

ただし上の図形の中味はつまっているものとする．中味がつまっていないとすると，その中味を通って表面の皮の部分に図形を押しつぶすことができないので，前頁の図形と上の図形はホモトピー同型の意味でも位相が違っているのである．

例23

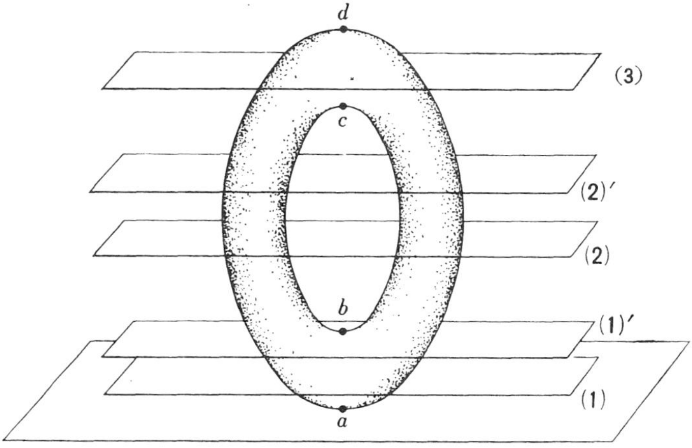

上の図はトーラスを平面の上に立てた図形である．（トーラスは今迄に何度か登場したが，それは浮袋またはタイヤの表面のことであって，中味が空になっていることに注意しよう）．さてこのトーラスを底平面に平行な平面で切り，切り口から下の図形をホモトピー同型のもとに眺めてみよう．

まず (1) の平面で切って切り口より下のトーラスの部分をみると下の左図のようなお椀形をしているので，それは 1 点にホモトピー同型である(例16)．このことは $(1)'$ の平面で切っても同じであって，a, b の間 (a はよいが b はだめ) ならばどこで切っても同じ状態にある．

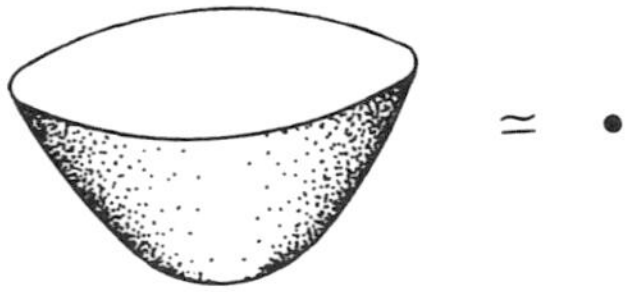

つぎに (2) の平面で切って切り口より下のトーラスの部分をみると下の左図になる．この図形はひきのばすと円柱側面になるから円にホモトピー同型である (例19)．この場合も $(2)'$ の平面で切っても同じであって，b, c の間 (b はよいが c はだめ) ならばどこで切っても切り口より下の部分はつねに円にホモトピー同型になっている．

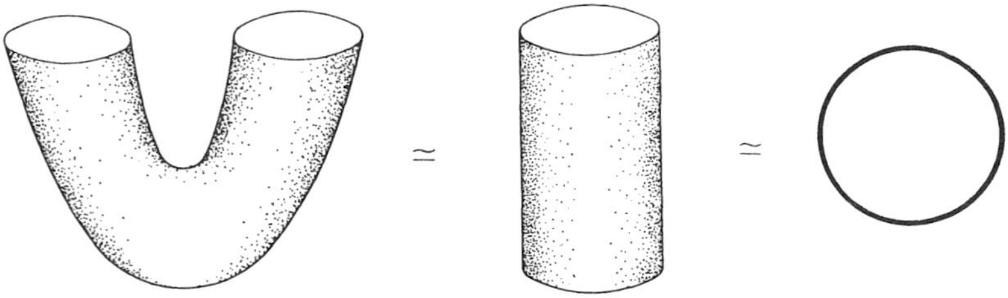

また c, d の間 (c はよいが d はだめ) の平面 (3) で切ると，切り口より下の部分の図形は 8 の字にホモトピー同型になる．

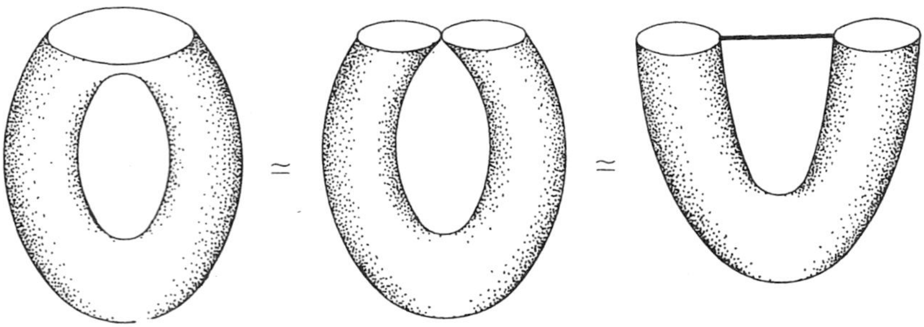

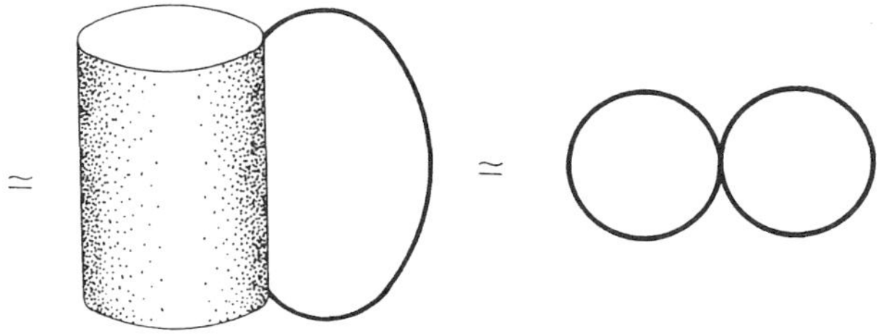

最後に(dを含めて)dより上の平面で切って下の図形をみると，当然ながらトーラス全体になっている.

このように切り口より下の部分の図形は，平面が a, b, c, d の点を通過するごとに変り，その他の所では変らないことがわかった. この実験から a, b, c, d の4点がトーラスの図形を調べる急所になっていることがわかるであろう. この4点 a, b, c, d をトーラスの**臨界点**といい（正しくは高さに関する臨界点というべきである)，この点の近くの状態を調べると図形全体のホモトピー型の構造がわかるのである. このことは大そう興味深いことであって，Morse（モース）はこの事実に注目して，いわゆるMorse理論を打ち立て，多様体の研究にすばらしい貢献をしたのである. このすばらしいMorse 理論をここで紹介することは到底できないが，つぎのお話しで，その感じの一端をうかがうことにしよう.

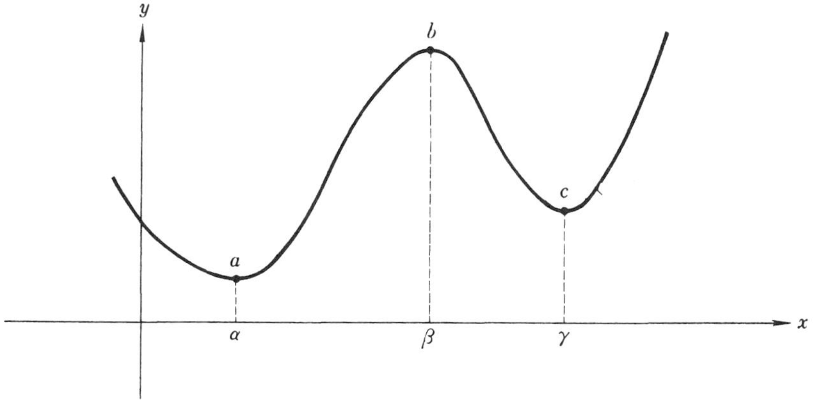

x の関数

$$y=f(x)$$

のグラフを描こうとするとき，われわれはまず $f(x)$ を微分して 0 とおき：

$$f'(x)=0$$

この根 $x=\alpha, \beta, \gamma, \cdots$ を求める．つぎに点 $a=(\alpha, f(\alpha))$, $b=(\beta, f(\beta))$, $c=(\gamma, f(\gamma))$, $\cdots$ をグラフ用紙の上に明示する．つぎに 2 次導関数 $f''(\alpha)$, $f''(\beta)$, $f''(\gamma)$, $\cdots$ の符号を調べて， 点 $a, b, c, \cdots$ が極小点であるか極大点であるかを判定する（$f''(\delta)=0$ となるような変曲点が現われると話が難かしくなるので，そうでないとしておく）．すなわち点 $a, b, c, \cdots$ のまわりでのグラフの曲り具合を決定しておくのである． これだけ準備しておくと， あとはこれらの点 $a, b, c, \cdots$ を大まかに結んでゆきさえすれば，$y=f(x)$ のグラフの概略が描けてしまうのである． このことからわかるように，極小，極大点 $a, b, c, \cdots$ が $y=f(x)$ のグラフを描くときの急所になっているのである．そしてこれらの $\alpha, \beta, \gamma, \cdots$ を関数 $y=f(x)$ の臨界点と呼んでいるのである．さらに有難いことには，グラフの急所に当る臨界点の数はわずかしかないのである． それが有名な Sard（サード）の定理とよばれるものである．

Morse の理論は，多様体の上に Morse 関数とよばれるうまい関数をつくってその臨界点(微分して 0 となる所)を調べ，そのわずかしかない臨界点のまわりの状態を調べることによって，多様体の胞体構造のホモトピー型を決定する理論である．

第2章　ユークリッド空間の位相

1章で図形が位相同型であるとかないとかという感じを説明したが，位相同型の定義を未だ与えていなかった．これを定義するためには位相空間を定義することから始めなければならない．位相空間の定義は後にゆずることにして，ここでは，直線 $\boldsymbol{R}$，平面 $\boldsymbol{R}^2$，空間 $\boldsymbol{R}^3$（これらを順に**ユークリッド直線，平面，空間**という）における位相について述べよう．$\boldsymbol{R}^n(n=1,2,3)$ に位相を与えるとは，$\boldsymbol{R}^n$ の開集合とはどんな集合であるかを説明することである．この章で $\boldsymbol{R}^n$ の開集合について説明するので，$\boldsymbol{R}^n$ に位相を与えるという目的は一応達せられるのであるが，この章の目的はそれよりむしろ，位相幾何学で重要な位相不変量である**コンパクト**と**弧状連結**について説明することにおきたいと思う．したがって位相同型の定義を与えるのは更に後になってしまう．

§1　集　　合

集合についての基本的な事実を，後で必要となる範囲内で，簡単に説明しておこう．

X を集合とする．そして記号

$$x \in X$$

で x が集合 X の点(元ともいう)であることを示し，点 x は集合 X に属するという．また x が X の点でないとき，すなわち x が集合 X に属さないとき，記号 $x \notin X$ で表わす．

集合について少し注意しておこう．X が集合であることは，X がある性質をもつ「もの」(「もの」を点とか元というわけである)の集まりのことである．たとえば

実数全体の集まり $\boldsymbol{R}$

は1つの集合である．集合 X について特に重要なことは，元 a を勝手にとってくると，

a がXに属するか a が属さないかのどちらかはっきり判定のつくものでなければならないということである． たとえば

賢い人間全体の集まり

は集合ではない． それは，人間が賢いか馬鹿であるのかを判定する基準が何もないからである: だから，このような集まりは数学の研究の対象とならないわけである．同様に

大きい数の集まり

も集合でない．

話をもとに戻そう．Xを集合とし， A がXの 1 部分からなる集合であるとき，AはXの**部分集合**である，または集合 A は X に含まれるといい，記号

$$A \subset X$$

で表わす．すなわち $A \subset X$ とは

$$x \in A \quad ならば \quad x \in X$$

がなりたつことである．

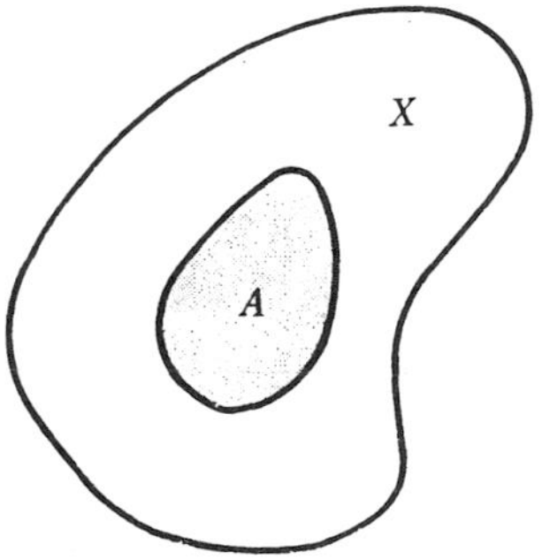

$A \subset X$

集合Xの点のうちで， ある与えられた性質Pをもつ点全体の集合を記号

$$\{x \in X \mid x\ は性質\ P\ をもつ\}$$

で表わすことにする．この集合は明らかに X の部分集合になっている．たとえば，1 より大きい実数全体の集合は

$$\{x \in \boldsymbol{R} \mid x > 1\}$$

のように表わす．また

$$\{(x, y) \in \boldsymbol{R}^2 \mid x^2 + y^2 = 1\}$$

とかくと， これは原点を中心とする半径 1 の円 S^1 のことである．したがって円 S^1 は平面 $\boldsymbol{R}^2$ の部分集合である．

A, B をともに集合Xの部分集合とするとき，AとBの共通集合を $A \cap B$ で表わす．すなわち

$$x \in A \cap B \iff x \in A \text{ かつ } x \in B$$

のことである．また集合Xの2つの部分集合 A, B の和集合を $A \cup B$ で表わす．すなわち

$$x \in A \cup B \iff x \in A \text{ または } x \in B$$

のことである．

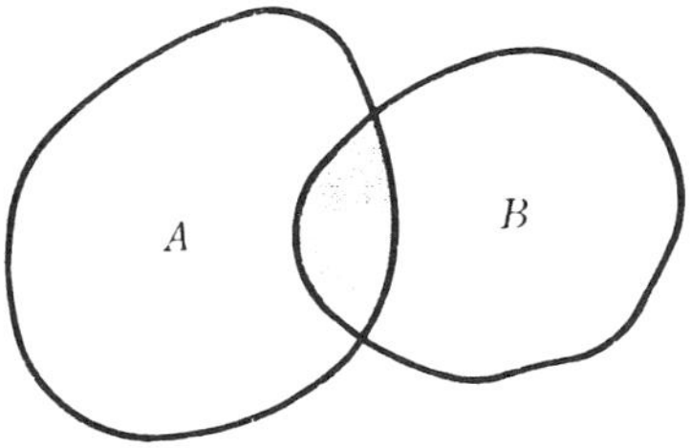

$A \cap B$

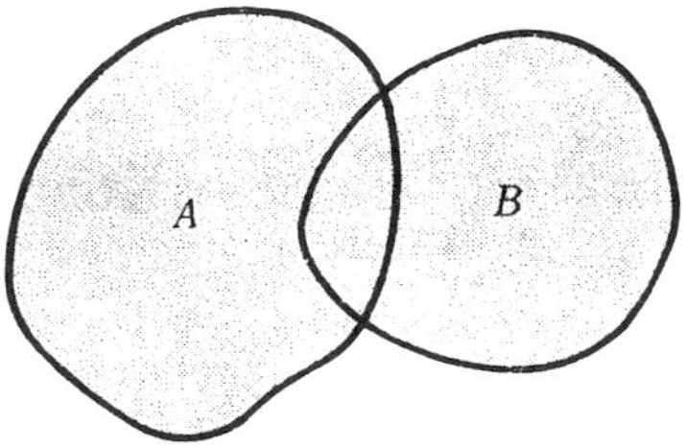

$A \cup B$

つぎに集合Xの部分集合Aに対して，Aに属さないXの点全体の集合を $X-A$ で表わし，AのXにおける**補集合**という．すなわち

$$x \in X-A \iff x \in X \text{ かつ } x \notin A$$

のことである．補集合に関してつぎのよく知られた**de Morgan の法則**がなりたつ．すなわち，集合Xの部分集合 A, B に対して，

$$X-(A \cap B)=(X-A) \cup (X-B)$$
$$X-(A \cup B)=(X-A) \cap (X-B)$$

がなりたっている．

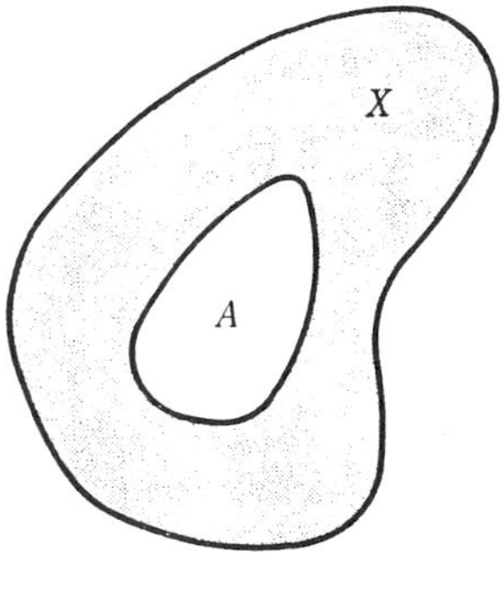

$X-A$

集合の共通集合と和集合は2つの集合に対してのみ定義されるとは限らず，集合Xの任意個数の部分集合 A_λ, $\lambda \in \Lambda$ に対しても定義できる．すなわち，共通集合 $\bigcap_{\lambda \in \Lambda} A_\lambda$, 和集合 $\bigcup_{\lambda \in \Lambda} A_\lambda$ をそれぞれ

$$x \in \bigcap_{\lambda \in \Lambda} A_\lambda \Longleftrightarrow \text{すべての } \lambda \in \Lambda \text{ に対して } x \in A_\lambda$$
$$x \in \bigcup_{\lambda \in \Lambda} A_\lambda \Longleftrightarrow \text{いずれかの } \lambda \in \Lambda \text{ に対して } x \in A_\lambda$$

と定義する．このときこれらの集合の補集合に関しても(一般化された) **de Morgan の法則**

$$X - \bigcap_{\lambda \in \Lambda} A_\lambda = \bigcup_{\lambda \in \Lambda} (X - A_\lambda)$$
$$X - \bigcup_{\lambda \in \Lambda} A_\lambda = \bigcap_{\lambda \in \Lambda} (X - A_\lambda)$$

がなりたっている．

なお本書では，空集合をϕで表わすことにする．空集合とはどんな点も含まない集合のことである．たとえば

$$A \cap B = \phi$$

とかくと，２つの集合AとBには共通に含まれる点がないということを意味している．

§2 平面 $\boldsymbol{R}^2$ の位相

ユークリッド平面 $\boldsymbol{R}^2$ の位相について述べよう．前にも述べたように， 平面 $\boldsymbol{R}^2$ に位相を与えるとは， $\boldsymbol{R}^2$ の開集合とはどんな集合であるかを説明することなのである．

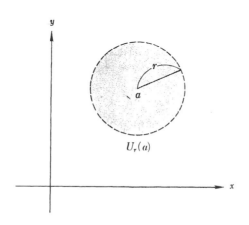

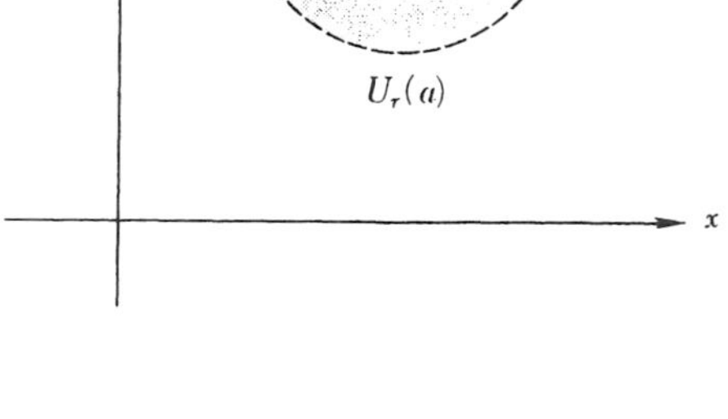

(1) $\boldsymbol{R}^2$ の開集合

平面 $\boldsymbol{R}^2$ の開集合を定義するために，近傍の定義から始めよう．

定義　a を平面 $\boldsymbol{R}^2$ 上の点とする．a を中心とする半径 $r(r>0)$ の「ふち」のない円板を a の **r-近傍**といい，$U_r(a)$ で表わす．前頁の図において，a の近傍 $U_r(a)$ は「ふち」の点を含まない陰影の部分の集合であって，半径 r は大きくても小さくてもかまわない．

定義　A を平面 $\boldsymbol{R}^2$ の部分集合とする．A の点 a に対して，A に含まれる a のある近傍 $U_r(a)$ が存在するとき，すなわち

$$U_r(a)\subset A$$

をみたす $U_r(a)$ が存在するとき，a は集合 A の**内点**であるという．A の内点全体の集合を A の**内部**といい，$\mathrm{Int}(A)$ で表わす．集合 A の内部 $\mathrm{Int}(A)$ は，定義より明らかに A に含まれている：

$$\mathrm{Int}(A)\subset A$$

平面 $\boldsymbol{R}^2$ の開集合を定義するのに，集合の内点ということがわかれば十分であるが，つぎに述べるような境界点も定義しておく方がわかりよいかもしれない．

定義　A を平面 $\boldsymbol{R}^2$ の部分集合とする．$\boldsymbol{R}^2$ の点 b に対して，b のどんな(小さい半径 r の)近傍 $U_r(b)$ をとっても，$U_r(b)$ の中に A の点と A に属さない点を同時に含むとき，b は A の**境界点**であるという．集合 A の境界点全体の集合を A の**境界**という．(A の境界を $\mathrm{Bd}(A)$ と表わすことにする)．

上に述べた集合 A の内部 $\mathrm{Int}(A)$ は，A から A の境界点をすべて取り除いた集合のことである．本書では今まで，集合 A のどの境界点も A に含まれていないとき，A を「ふち」のない集合とよんできた．したがって集合 A の内部は「ふち」のない集合になっている．

例 24　次頁図の集合 A を例にとって，A の内点および A の内部 $\mathrm{Int}(A)$ について説明しよう．

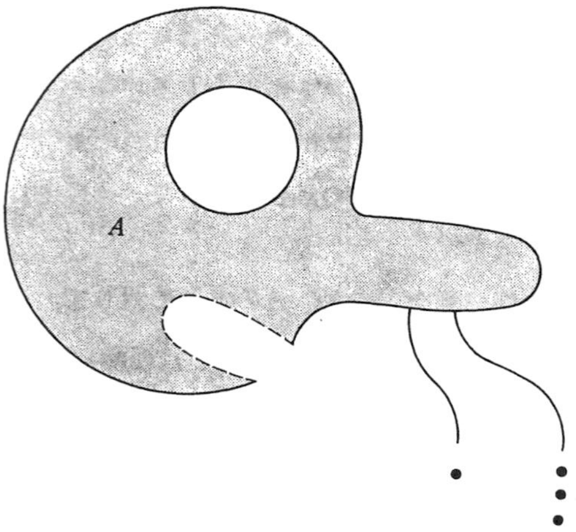

下記の左図の点 a に対しては，a の(十分小さい)近傍 $U_r(a)$ をとると，$U_r(a)$ が全部 A に含まれる：$U_r(a) \subset A$ のようにすることができる．したがって a は A の内点である．一方下記の右図の点 b に対しては，b のどんな小さい近傍をとっても，その

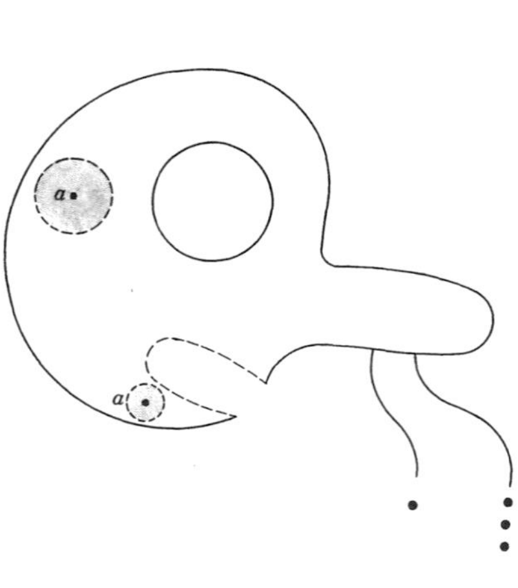

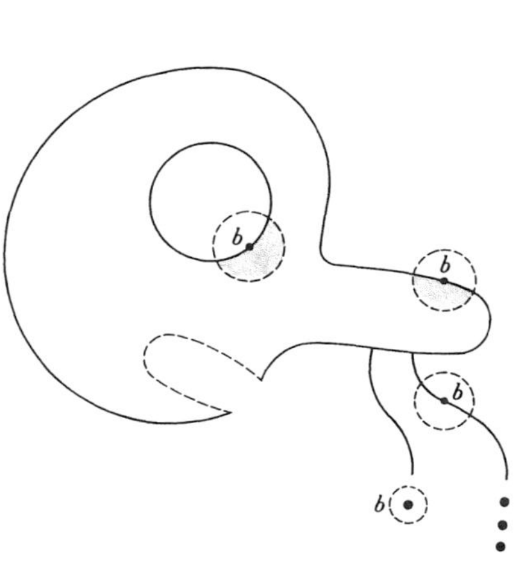

近傍内にAの点とA以外の点が同時に現われている．したがってこのような点bはAの境界点である．この図形Aでは，Aの内部 Int(A) は左図のようになり，Aの境界 Bd(A) は右図のようになる．

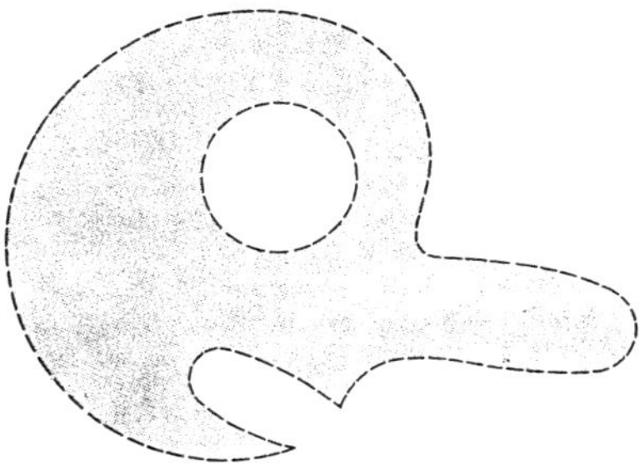

例 25 平面 $\boldsymbol{R}^2$ において

3 角形板 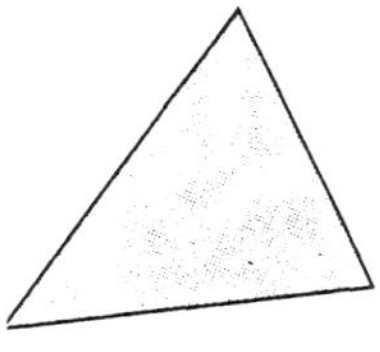 の内部は 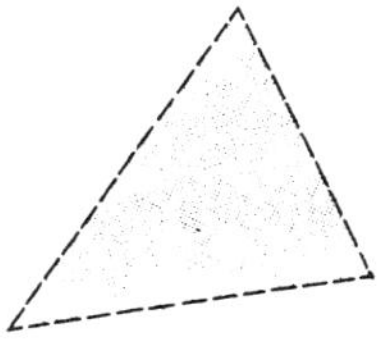

である．

例 26 平面 $\boldsymbol{R}^2$ において

線分 の内部は空集合

である．同様に1点・および円 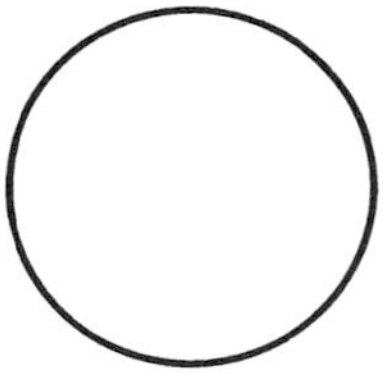 の内部はいずれも空集合である．

例 27　平面 $\boldsymbol{R}^2$ において

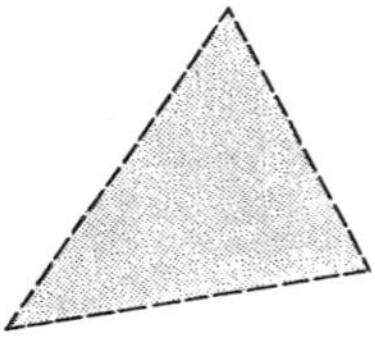 の内部は 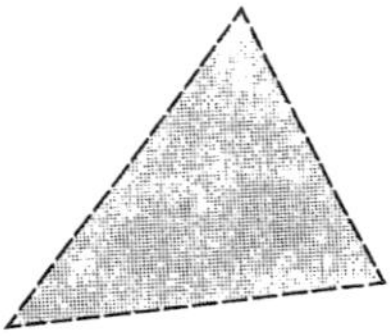 自身

である．同様に平面 $\boldsymbol{R}^2$ の内部は $\boldsymbol{R}^2$ 自身であり，また点 $\boldsymbol{a}$ の近傍 $U_r(a)$ の内部は $U_r(a)$ 自身である．なお，空集合 ϕ の内部は空集合 ϕ 自身であると約束しておく．

さて，平面 $\boldsymbol{R}^2$ の集合 A の内部 $\mathrm{Int}(A)$ がわかったところで，目的の開集合を定義しよう．

定義　平面 $\boldsymbol{R}^2$ の部分集合 O に対して，O の内部が O 自身である：

$$\mathrm{Int}(O)=O$$

がなりたっているとき，O は $\boldsymbol{R}^2$ の**開集合**であるという．すなわち集合 O が $\boldsymbol{R}^2$ の開集合であるとは，O の各点が O の内点になっていることである．

例 28

「ふち」のない円板  は平面 $\boldsymbol{R}^2$ の開集合である．すなわち，

$\boldsymbol{R}^2$ の点 a の各 r-近傍 $U_r(a)$ は $\boldsymbol{R}^2$ の開集合である(例27)．

例 29　平面 $\boldsymbol{R}^2$ から1点，たとえば原点0を除いた集合 $\boldsymbol{R}^2-\{0\}$ は $\boldsymbol{R}^2$ の開集合

である．実際，原点0以外の点 a をとれば，原点0を含まない小さい a の近傍がとれるから，a は $\boldsymbol{R}^2-\{0\}$ の内点である．したがって $\boldsymbol{R}^2-\{0\}$ は $\boldsymbol{R}^2$ の開集合であ

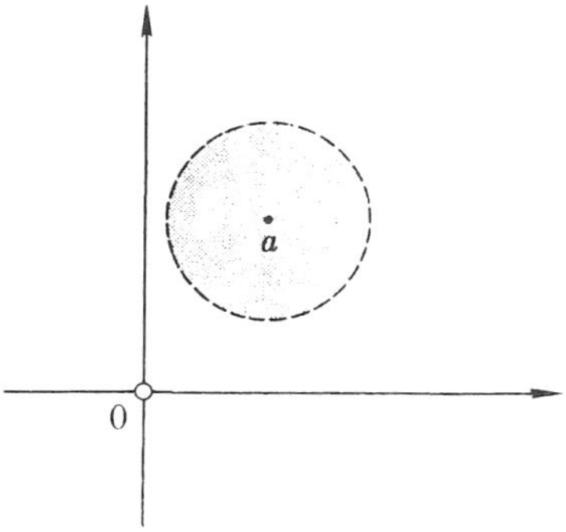

る．同様にすると，$\boldsymbol{R}^2$ から有限個の点 $a_1,\cdots,a_m$ を除いた集合 $\boldsymbol{R}^2-\{a_1,\cdots,a_m\}$ も $\boldsymbol{R}^2$ の開集合であることがわかる．

例 30 平面 $\boldsymbol{R}^2$ の1点，線分，両端点のない線分および円はいずれも $\boldsymbol{R}^2$ の開集合でない．実際，これらの集合の内部はいずれも空集合であって（例26）自分自身でないからである．同様に3角形や(「ふち」のある)3角形板も $\boldsymbol{R}^2$ の開集合でない(例25)．また例24の集合 A も $\boldsymbol{R}^2$ の開集合でない．

平面 $\boldsymbol{R}^2$ の開集合に対して，つぎの基本的な命題がなりたつ．この命題の証明は容易であるから各自で確かめておいて下さい．

命題 31 平面 $\boldsymbol{R}^2$ の開集合に対してつぎの(1)(2)(3)がなりたつ．

(1) $\boldsymbol{R}^2$ および空集合 ϕ は $\boldsymbol{R}^2$ の開集合である．

(2) O_1, O_2 が $\boldsymbol{R}^2$ の開集合であれば，それらの共通集合 $O_1\cap O_2$ も $\boldsymbol{R}^2$ の開集合である．

(3) $O_\lambda, \lambda\in\Lambda$ が $\boldsymbol{R}^2$ の開集合であれば，それらの和集合 $\bigcup_{\lambda\in\Lambda} O_\lambda$ も $\boldsymbol{R}^2$ の開集合である．

命題31(2) を繰返し用いると，有限個の $\boldsymbol{R}^2$ の開集合 $O_1,\cdots,O_m$ の共通集合

$$O_1\cap\cdots\cap O_m$$

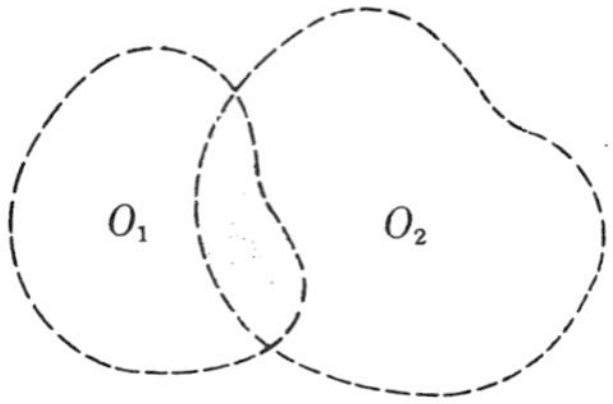

$O_1 \cap O_2$

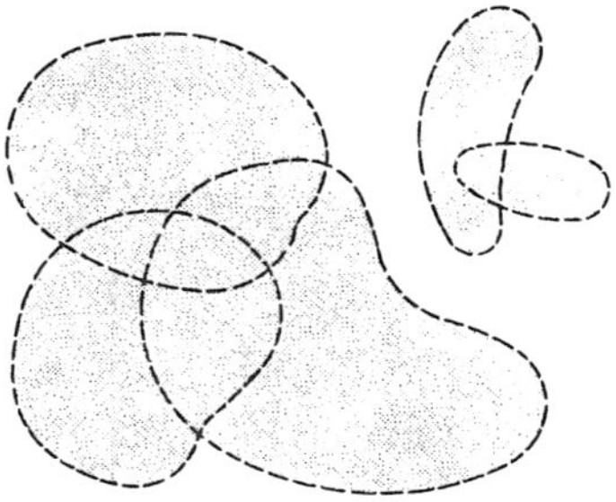

$\bigcup_{\lambda \in \Lambda} O_\lambda$

は再び $\boldsymbol{R}^2$ の開集合であることがわかる．しかし無限個の $\boldsymbol{R}^2$ の開集合の共通集合は $\boldsymbol{R}^2$ の開集合になるとは限らないのである．たとえば $\boldsymbol{R}^2$ の１点 $\boldsymbol{a}$ のすべての近傍 $U_r(a)$（これは $\boldsymbol{R}^2$ の開集合であった(例28)）の共通集合は１点 $\boldsymbol{a}$ である：

$$\bigcap_{r>0} U_r(a) = \{a\}$$

しかるに１点 $\boldsymbol{a}$ は R^2 の開集合でない（例30）．これに反して，$\boldsymbol{R}^2$ の開集合の和集合を考えるときには，その数がいくら多くても再び $\boldsymbol{R}^2$ の開集合となることを，命題31 (3)が教えている．

(2)　$\boldsymbol{R}^2$ の閉集合

平面 $\boldsymbol{R}^2$ の開集合を定義したので，平面 $\boldsymbol{R}^2$ に位相が与えられたことになったのであるが，実は，この章の目的はコンパクト集合を定義することにおいているのである．そのためには，$\boldsymbol{R}^2$ の閉集合を定義しなければならない．

定義　平面 $\boldsymbol{R}^2$ の部分集合 F に対して，$\boldsymbol{R}^2$ から F を除いた補集合 $\boldsymbol{R}^2 - F$ が $\boldsymbol{R}^2$ の開集合であるとき，F は $\boldsymbol{R}^2$ の**閉集合**であるという．

例 32　平面 $\boldsymbol{R}^2$ において，１点 $\boldsymbol{a}$ は $\boldsymbol{R}^2$ の閉集合である．実際，補集合 $\boldsymbol{R}^2 - \{a\}$ が $\boldsymbol{R}^2$ の開集合である(例29)からである．さらに，$\boldsymbol{R}^2$ の有限個の点からなる集合 $\{a_1, \cdots, a_m\}$ も $\boldsymbol{R}^2$ の閉集合である(例29)．

例 33　線分 $A=$ ―――――― は平面 $\boldsymbol{R}^2$ の閉集合である．実際，$\boldsymbol{R}^2 - A$ が $\boldsymbol{R}^2$ の開集合であるからである（このことは次頁の上図より容易に理解できるだろう).

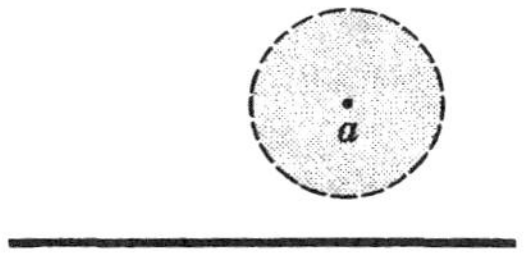

例 34

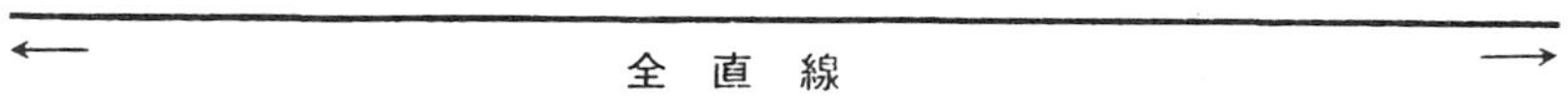

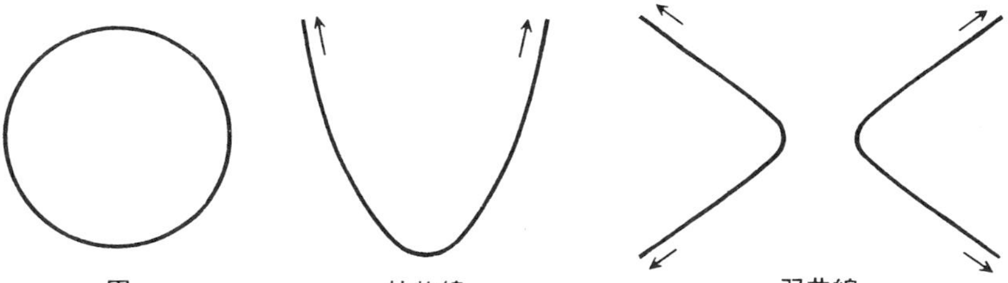

はいずれも $\boldsymbol{R}^2$ の閉集合である．実際，これらの集合 A の補集合 $\boldsymbol{R}^2-A$ が $\boldsymbol{R}^2$ の開集合となるからである．

例 35 両端点を含まない線分 $A=$  は $\boldsymbol{R}^2$ の閉集合でない($\boldsymbol{R}^2$

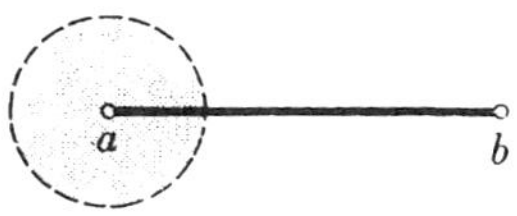

の開集合でもない)．実際，補集合 $\boldsymbol{R}^2-A$ を考えると，$\boldsymbol{R}^2-A$ は両端点 a, b を含んでいる．いま a のどんな(小さい)近傍 $U_r(a)$ を描いても，その近傍内に線分 A の点がはいってくるので，a は $\boldsymbol{R}^2-A$ の境界点になっている．よって $\boldsymbol{R}^2-A$ は $\boldsymbol{R}^2$ の開集合でない．したがって A は $\boldsymbol{R}^2$ の閉集合でない．

例 36　3 角形板(下の左図)および 3 角形(下の中央図)はいずれも平面 $\boldsymbol{R}^2$ の閉集合である．しかし下の右図のような(1 部「ふち」のない) 3 角形板は $\boldsymbol{R}^2$ の閉集合ではない($\boldsymbol{R}^2$ の開集合でもない)．

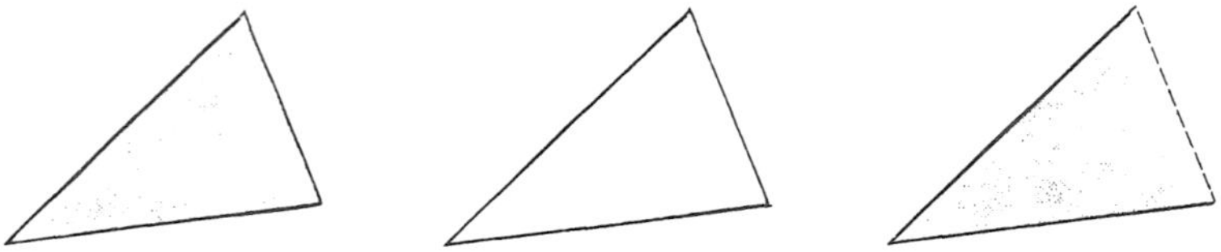

命題31に対応して，平面 $\boldsymbol{R}^2$ の閉集合に対してつぎの命題がなりたつ．その証明は，命題31 に de Morgan の法則を適用すると容易にできるので，各自確かめておいて下さい．

命題 37　平面 $\boldsymbol{R}^2$ の閉集合に対してつぎの(1)(2)(3)がなりたつ．

(1)　空集合 ϕ および $\boldsymbol{R}^2$ は $\boldsymbol{R}^2$ の閉集合である．

(2)　F_1, F_2 が $\boldsymbol{R}^2$ の閉集合であれば，それらの和集合 $F_1 \cup F_2$ も $\boldsymbol{R}^2$ の閉集合である．

(3)　F_λ, $\lambda \in \Lambda$ が $\boldsymbol{R}^2$ の閉集合であれば，それらの共通集合 $\bigcap_{\lambda \in \Lambda} F_\lambda$ も $\boldsymbol{R}^2$ の閉集合である．

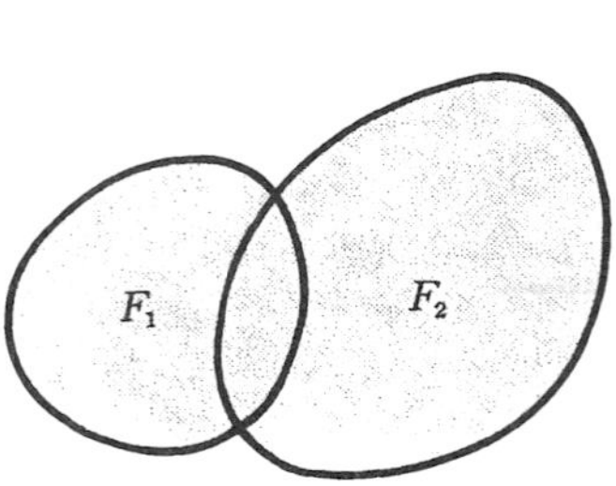

$F_1 \cup F_2$

$\bigcap_{\lambda \in \Lambda} F_\lambda$

ここでもう 1 度平面 $\boldsymbol{R}^2$ の開集合および閉集合の直感的な見方について復習してお

こう．集合 O が $\boldsymbol{R}^2$ の開集合であれば，O の各点 a は集合 O に含まれる近傍 $U(a)$ をもっていなければならない．このことから $\boldsymbol{R}^2$ の部分集合 O が $\boldsymbol{R}^2$ の開集合であるためには，O が近傍 $U(a)$ の和集合になっている：

$$O=\bigcup_{a\in O}U(a)$$

ことが必要十分であることがわかる．だから，$\boldsymbol{R}^2$ の開集合 O はふっくらとふくらんだ幅のある図形であって，しかも「ふち」のない図形である．$\boldsymbol{R}^2$ の開集合には１次元図形が突き出ていたり，孤立点があったりすると困るのである．一方 $\boldsymbol{R}^2$ の閉集合 F は，幅があってふくらんでいる必要などなく，たとえ１次元図形があっても孤立点があっても何ら差しつかえない．$\boldsymbol{R}^2$ の部分集合 F が $\boldsymbol{R}^2$ の閉集合であるために必要なことは，F の境界点がすべて F に含まれていることである：$\mathrm{Bd}(F)\subset F$.

以上で，平面 $\boldsymbol{R}^2$ の部分集合が $\boldsymbol{R}^2$ の開集合であるか閉集合であるかの見分け方がわかったが，$\boldsymbol{R}^2$ の一般の図形は $\boldsymbol{R}^2$ の開集合，閉集合のどちらでもないという方がむしろ普通である（例35, 36）．それなのに，特殊な図形である開集合，閉集合を大切にするのは，平面 $\boldsymbol{R}^2$ の一般図形の位相を調べるのに開集合，閉集合を用いるからである．

§3　直線 $\boldsymbol{R}$ の位相

１次元ユークリッド空間，すなわち直線 $\boldsymbol{R}$ の位相について述べよう．

定義　a を直線 $\boldsymbol{R}$ 上の点とする．a を中心とし半径 $r(r>0)$ の開区間

$$U_r(a)=\{x\in\boldsymbol{R}\,|\,a-r<x<a+r\}$$

を a の **r-近傍**という．

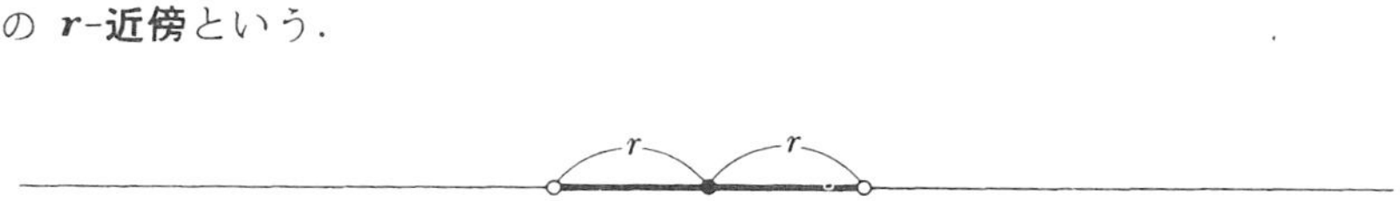

直線 $\boldsymbol{R}$ の部分集合 A に対して，A の内部 $\mathrm{Int}(A)$ とか，$\boldsymbol{R}$ の開集合，閉集合とかの定義は平面 $\boldsymbol{R}^2$ のときと全く同じである（$\boldsymbol{R}^2$ の所が $\boldsymbol{R}$ とかわるだけ）．しかし念のため定義をかいておこう．

定義　A を直線 $\boldsymbol{R}$ の部分集合とする．A の点 a に対して，$U_r(a)\subset A$ をみたす a の近傍 $U_r(a)$ が存在するとき，a は集合 A の**内点**であるという．A の内点全体の集

合をAの**内部**といい，Int(A) で表わす．

定義　直線 $\boldsymbol{R}$ の部分集合 O に対して，Int$(O)=O$ がなりたつとき，O は $\boldsymbol{R}$ の**開集合**であるという．

定義　直線 $\boldsymbol{R}$ の部分集合 F に対して，$\boldsymbol{R}-F$ が $\boldsymbol{R}$ の開集合であるとき，F は $\boldsymbol{R}$ の**閉集合**であるという．

例 38　右図の線分 A は，A を直線 $\boldsymbol{R}$ の部分集合とみるとき，Aの内部は両端点を含まない線分Bであり，両端の 2 点 a, b はAの境界点である．このことから線分Aは $\boldsymbol{R}$ の閉集合であり，両端点を含まない線分 B は $\boldsymbol{R}$ の開集合であることがわかる．また，1 方端点を含み他方の端点を含まない線分 C は $\boldsymbol{R}$ の開集合でも閉集合でもない．

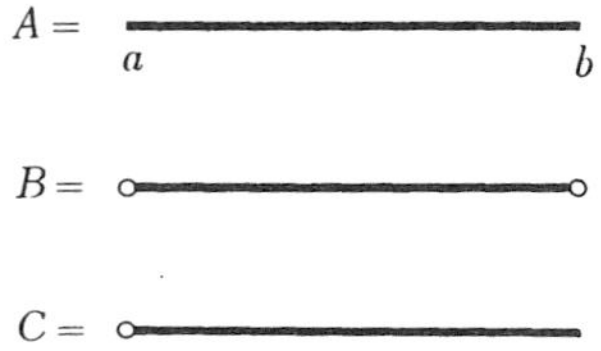

ここで注意しなければならないことは，両端点を含まない線分  は直線 $\boldsymbol{R}$ の開集合である(例38)が，平面 $\boldsymbol{R}^2$ の開集合ではない(例30)ということである．このように図形を直線 $\boldsymbol{R}$ の部分集合とみるか平面 $\boldsymbol{R}^2$ の部分集合とみるかで(さらに空間 $\boldsymbol{R}^3$ の部分集合とみるかで)，開集合になったりならなかったりする．したがって，開集合という用語には必ず「…の開集合」という接頭語が必要となるのである．閉集合にもこのような注意が必要なのであるが，少し話が違う所もあるので，つぎの例41で再び述べることにしよう．

例 39　自然数の逆数の集合

$$A=\left\{1, \frac{1}{2}, \frac{1}{3}, \cdots, \frac{1}{n}, \cdots\right\}$$

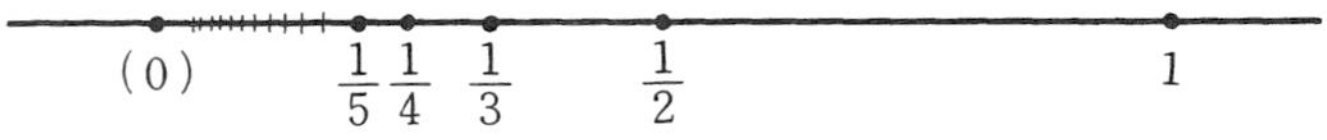

は直線 $\boldsymbol{R}$ の閉集合でない．実際，補集合 $\boldsymbol{R}-A$ を考えると，$\boldsymbol{R}-A$ は0を含んでおり，しかも0のどんな近傍$U_r(a)$ をとってもその近傍内にAの点がはいっているので，0は $\boldsymbol{R}-A$ の境界点になっている．よって $\boldsymbol{R}-A$ は $\boldsymbol{R}$ の開集合でない．したがってAは $\boldsymbol{R}$ の閉集合でない．しかしAに 0 をつけ加えた集合

$$B=\left\{1,\ \frac{1}{2},\ \frac{1}{3},\ \cdots,\ \frac{1}{n},\ \cdots,\ 0\right\}$$

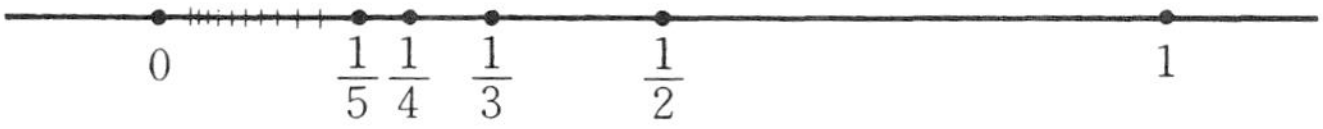

は $\boldsymbol{R}$ の閉集合となっている.

この 2 つの集合 A, B の相違を点列の極限を用いて眺めてみよう. 数列 $a_1, \cdots a_n, \cdots$ の極限 $\lim_{n\to\infty} a_n=a$ について少し知識のある人ならば

$$\lim_{n\to\infty}\frac{1}{n}=0$$

という事実を知っているだろう. 集合においては, A の点列 $1, \frac{1}{2}, \frac{1}{3}, \cdots, \frac{1}{n}, \cdots$ は $\boldsymbol{R}$ において 0 に収束するが, その極限値 0 は A に含まれていない. それに反して集合 B においては, B の点列 $1, \frac{1}{2}, \frac{1}{3}, \cdots, \frac{1}{n}, \cdots$ の極限値 0 は再び B に含まれており, さらに B のどんな収束点列の極限値も B に含まれるという性質を B がもっている. 実は今述べた

「集合 F のいかなる収束点列の極限値も F に含まれる」

という性質が, F が閉集合であるための必要十分になっているのである. この意味で, 実は, 集合 X に位相を与えることと X に極限の概念 $\lim_{n\to\infty}$ を定義することとは同じことなのである.

§4 空間 $\boldsymbol{R}^3$ の位相

3 次元空間 $\boldsymbol{R}^3$ に位相を与える方法も直線 $\boldsymbol{R}$, 平面 $\boldsymbol{R}^2$ のときと殆んど同じである. ただ近傍の定義が違うだけである.

定義 a を空間 $\boldsymbol{R}^3$ の点とする. a を中心とし半径 $r(r>0)$ の「ふち」のない球体の内部を $U_r(a)$ で表わし, a の **r-近傍**という.

空間 $\boldsymbol{R}^3$ の部分集合 A に対して, 集合 A の内部とか, A が $\boldsymbol{R}^3$ の開集合とか $\boldsymbol{R}^3$ の閉集合であるとかいう定義は, 直線 $\boldsymbol{R}$ や平面 $\boldsymbol{R}^2$ のときと同様である ($\boldsymbol{R}, \boldsymbol{R}^2$ の所

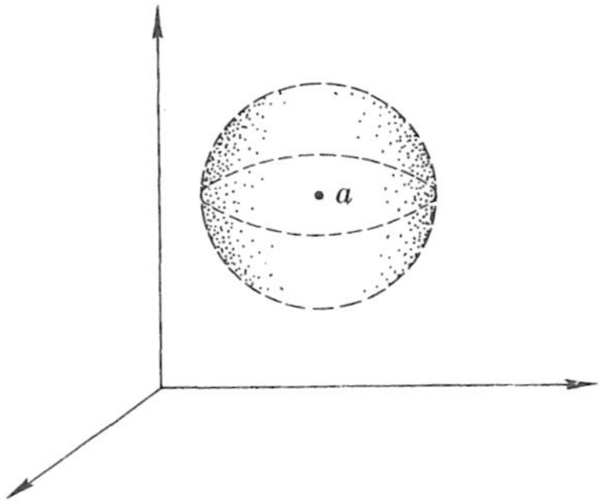

が $\boldsymbol{R}^3$ となるだけ）から，再記することを省略する．

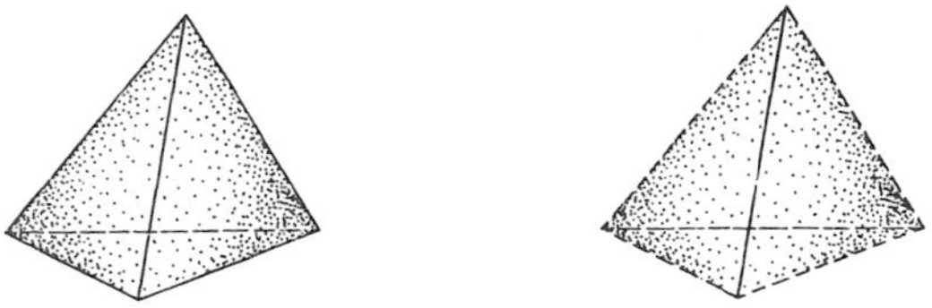

例 40　中味のつまった 4 面体 A の内部は 4 つの表面を除いた「ふち」のない中味のつまった 4 面体 B である．また中味のつまった 4 面体 A およびその表面は $\boldsymbol{R}^3$ の閉集合である．

例 41　平面 $\boldsymbol{R}^2$ は空間 $\boldsymbol{R}^3$ の閉集合である．実はこのことが原因して，平面図形 F が平面 $\boldsymbol{R}^2$ の閉集合であれば空間 $\boldsymbol{R}^3$ の閉集合にもなるのである．同様に直線 $\boldsymbol{R}$ は $\boldsymbol{R}^2$ の閉集合である（例34）ことが原因して，$\boldsymbol{R}$ の閉集合 F が $\boldsymbol{R}^2$ の閉集合でもあり，さらに $\boldsymbol{R}^3$ の閉集合にもなるのである．たとえば次頁の　　　はいずれも $\boldsymbol{R}^2$ の閉集合であった（例33. 34）から，これらを $\boldsymbol{R}^3$ の図形とみなしても $\boldsymbol{R}^3$ の閉集合となっている．

開集合についてはこのようなことがなりたたなかった（例38）が，それは $\boldsymbol{R}$ が $\boldsymbol{R}^2$ の開集合でなく，$\boldsymbol{R}^2$ が $\boldsymbol{R}^3$ の開集合でないからである．

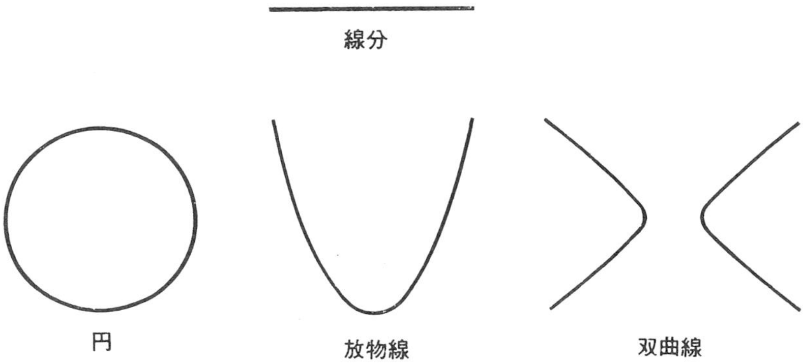

例 42　例6, 7, 8の図形のうちで $\boldsymbol{R}^n (n=1, 2, 3)$ の閉集合であるものを列記しておこう.

例 6　(13)(16)を除いて全部
例 7, 例 8　全部
(例 9 は全部閉集合でない)

§5　有界閉集合(コンパクト集合)

以下 $\boldsymbol{R}^n$ で直線 $\boldsymbol{R}$, 平面 $\boldsymbol{R}^2$, 空間 $\boldsymbol{R}^3$ のいずれか1つを表わすものとする.

(1)　**有界集合**

定義　Aを $\boldsymbol{R}^n$ の部分集合とする. $\boldsymbol{R}^n$のある点aと, aを中心とする(十分大きい) r-近傍 $U_r(a)$をとると

$$A \subset U_r(a)$$

となるとき, A は**有界**であるという. 直感的には, 無限に広がっている図形は有界でなくて, ある範囲内におさまっている図形は有界であるということができる.

例 43　次頁の図形はいずれも有界集合である.

線分　　両端点を含まない線分

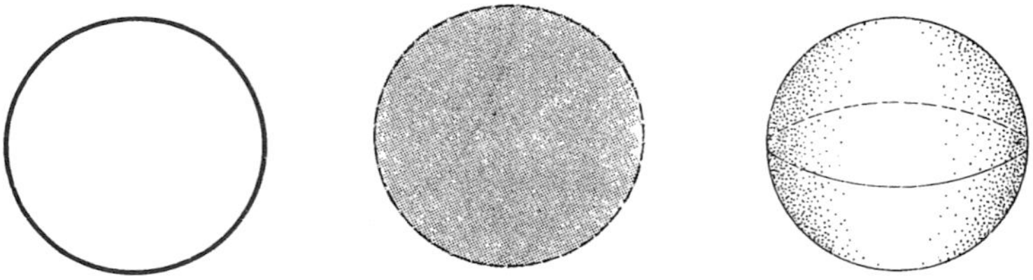

円　　「ふち」のない円板　　球面

例 44　直線 $\boldsymbol{R}$, 放物線, 双曲線はいずれも有界でない. また平面 $\boldsymbol{R}^2$, 空間 $\boldsymbol{R}^3$ も有界でない.

直　線

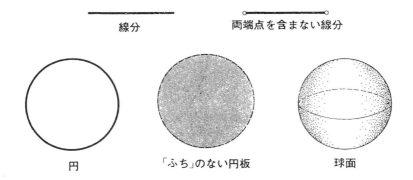

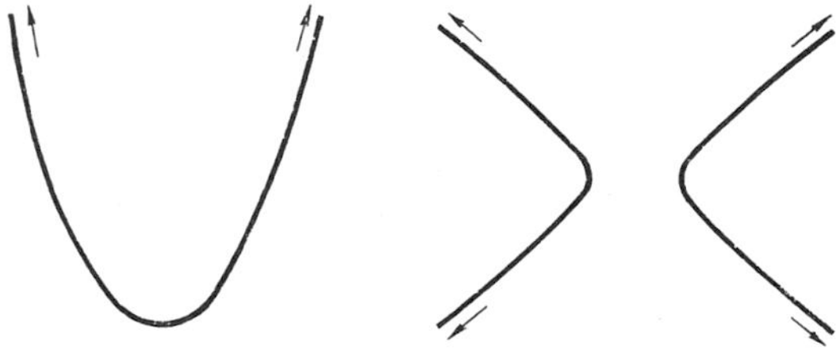

放物線　　双曲線

(2)　コンパクト集合

さて以上の準備のもとに, 位相幾何学で重要な(というよりは 数学全般において重要な)コンパクト集合について説明しよう. このコンパクトとつぎに述べる弧状連結を説明するのが本章の大きい目的であったのである.

定義　$\boldsymbol{R}^n$ の有界閉集合 A を**コンパクト**集合という.

例 45　1点 a はコンパクト集合である．実際，1点 a は明らかに有界であり，かつ $\boldsymbol{R}^n$ の閉集合である（例32）からである．さらに $\boldsymbol{R}^n$ の有限個からなる集合 $\{a_1, \cdots, a_m\}$ はコンパクト集合である（例32）．

例 46

線分

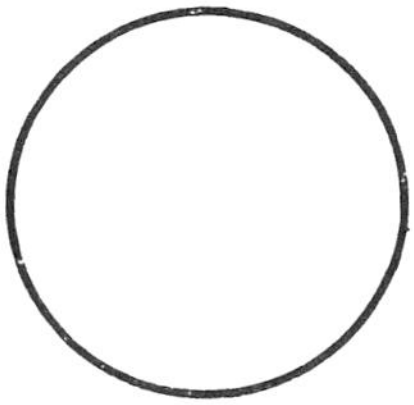

円

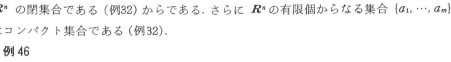

円板

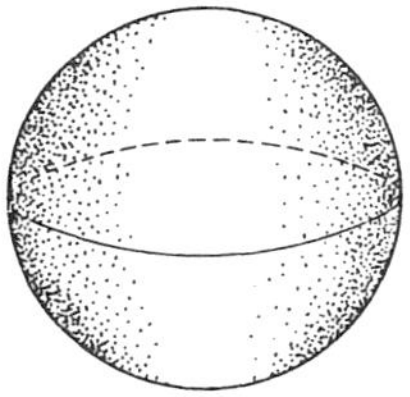

球面

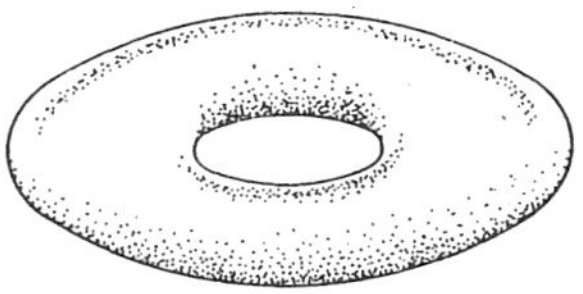

トーラス

はいずれもコンパクトである．実際，これらはいずれも有界であり，かつ $\boldsymbol{R}^n$ の閉集合であるからである．なお例6の(13)(14)(16)を除いた図形と例8の図形はすべてコンパクトである．

直　線

例 47　直線 $\boldsymbol{R}$，放物線，双曲線はいずれもコンパクトでない．実際，これらは($\boldsymbol{R}^n$

放物線

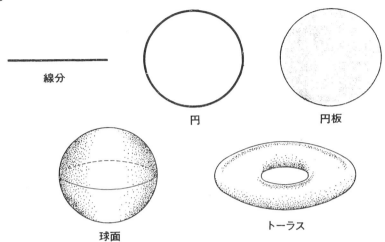

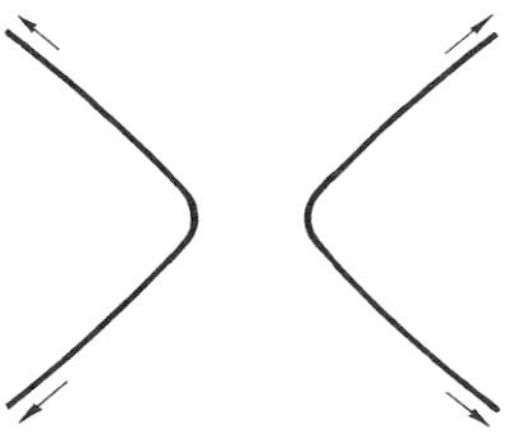

双曲線

の閉集合であるが）有界でない(例44)からである．また同じ理由で平面 $\boldsymbol{R}^2$, 空間 $\boldsymbol{R}^3$ もコンパクトでない(例44).

例48 両端点を含まない線分，「ふち」のない円板はいずれもコンパクトでない．実際，これらは(有界であるが) $\boldsymbol{R}^n$ の閉集合でない (例35)からである．

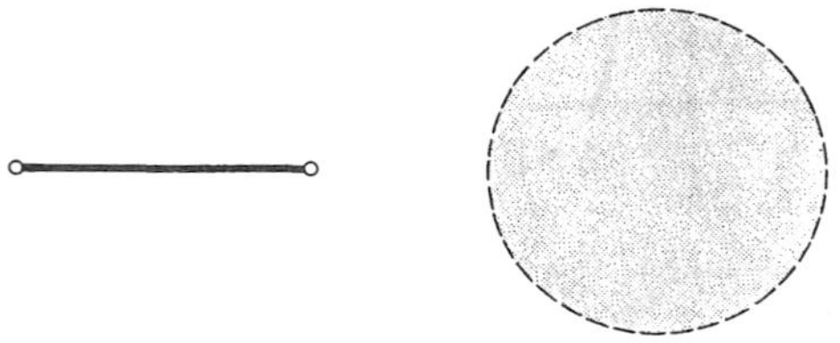

例49 集合

$$A=\left\{1, \frac{1}{2}, \frac{1}{3}, \cdots, \frac{1}{n}, \cdots\right\}$$

は(有界であるが) $\boldsymbol{R}^n$ の閉集合でない(例39)から，Aはコンパクトでない．しかしAに0をつけ加えた集合

$$B=\left\{1, \frac{1}{2}, \frac{1}{3}, \cdots, \frac{1}{n}, \cdots ; 0\right\}$$

は有界でありかつ $\boldsymbol{R}^n$ の閉集合である(例39)から，Bはコンパクトである．

数学でよく登場するものに「有限と無限」という概念がある．そして有限は数えあげることができるから比較的やさしく，それに反して無限は人間が直接に体験できないことだから難かしいということになっている．したがって無限のことを理解するのに，できることならなるべく有限のことに帰着して考えようとするのである．このことに類似しているのがコンパクトという概念である．このコンパクト集合がどうして有限性に結びつくかは，$\boldsymbol{R}^n$ の有界閉集合であるという定義から直接にはわかりにくいかもしれないが，とにかくコンパクト集合にはある種の有限性があるために，コンパクト集合は図形のなかで調べやすい図形であるということになっている．だからわれわれは，一般の図形を調べるのに，できることならコンパクト集合に帰着させたり，それができない場合には，コンパクト集合に話を限って理論を展開することも多いのである．

解析学で，つぎの定理を知っている人も多いことであろう．

「有界閉区間 $[a, b]$ で定義された連続関数は最大値，最小値をもつ」

「有界閉区間 $[a, b]$ で定義された連続関数は一様連続である」

連続関数がこのような著しい性質をもつのは，実は，関数の定義域 $[a, b]$ が有界閉区間，すなわちコンパクト集合である(例46)ということが原因しているのである．

§6　弧状連結集合

図形がつながっているとき，その図形は連結しているといい，そうでないとき連結していないという．このことをもう少し厳密に述べてみよう．(しかしここでは「**道**」を定義なしに用いるので，完全に厳密であるといえないかもしれないが)．

定義　A を $\boldsymbol{R}^n$ の部分集合とする．A の任意の2点 a, b に対して，a と b を結ぶ A 内の道(曲線ともいう)がひけるとき，A は**弧状連結**であるという．

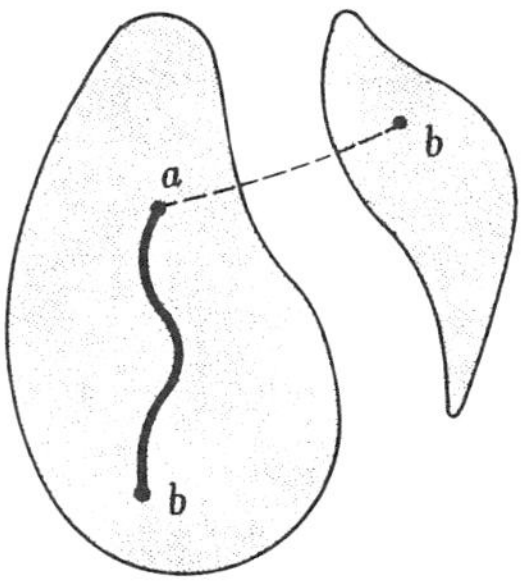

例 50　1点 a は弧状連結である．2点からなる集合は $\{a, b\}$ 弧状連結でない．

例 51　整数全体の集合 $\boldsymbol{Z}=\{\cdots, -2, -1, 0, 1, 2, 3, \cdots\}$ は弧状連結でない．

例 52　直線 $\boldsymbol{R}$，線分および両端点を含まない線分はいずれも弧状連結である．また，平面 $\boldsymbol{R}^2$，空間 $\boldsymbol{R}^3$ も弧状連結である．

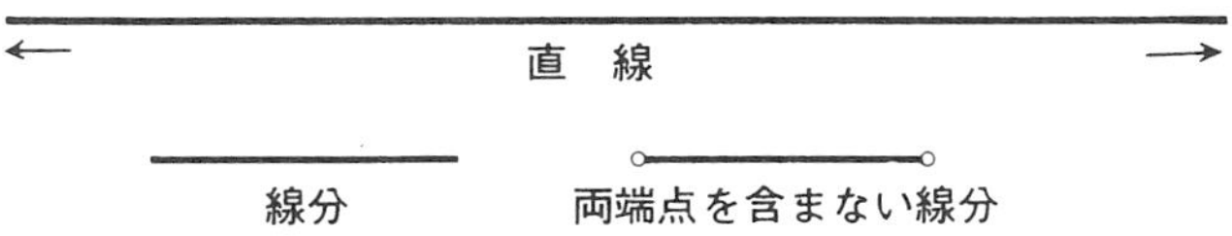

例 53

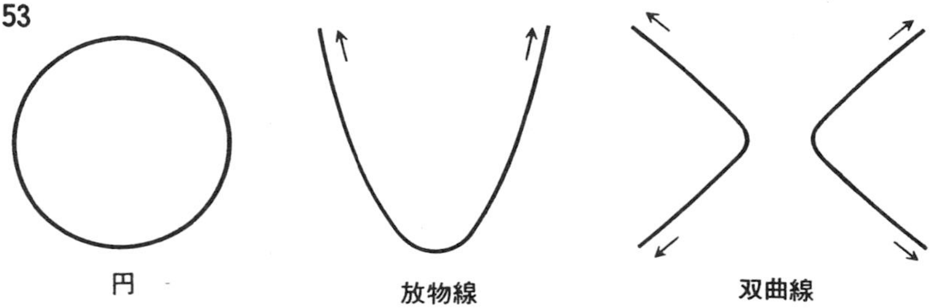

円および放物線はいずれも弧状連結である．しかし双曲線は弧状連結でない．

例 54　直線 $\boldsymbol{R}$ から 1 点，たとえば原点 0 を取り除いた補集合 $\boldsymbol{R}-\{0\}$ は弧状連結でない．実際，正の数を表わす点と負の数を表わす点を道で結ぼうとすると，どうして

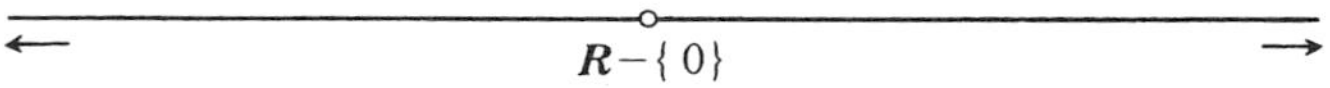

も原点 0 を通らなくてはならないからである．一方平面 $\boldsymbol{R}^2$ から 1 点，たとえば原点 0 を取り除いた補集合 $\boldsymbol{R}^2-\{0\}$ は弧状連結である．実際，$\boldsymbol{R}^2-\{0\}$ の 2 点 a, b を結

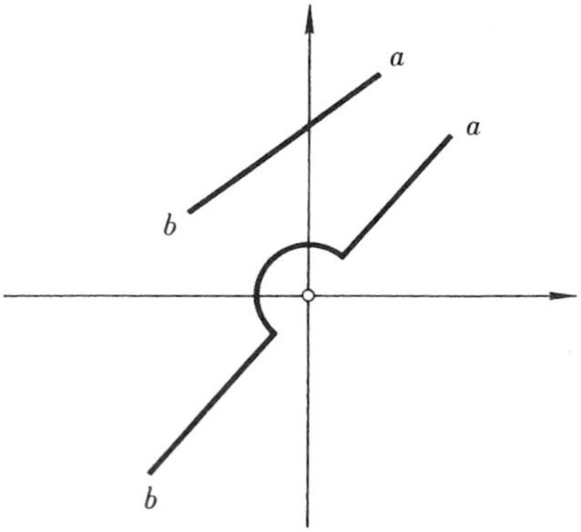

ぶ道として a, b を結ぶ線分を考えるとよいが，もしその線分が原点 0 を通るときには少し回り道した道を考えるとよい．いずれにしても $\boldsymbol{R}^2-\{0\}$ の任意の 2 点は $\boldsymbol{R}^2$

$-\{0\}$ 内の道で結べるので，$\boldsymbol{R}^2-\{0\}$ は弧状連結である．同様に，空間 $\boldsymbol{R}^3$ から1点 a を除いた補集合 $\boldsymbol{R}^3-\{a\}$ も弧状連結である．

例55 平面 $\boldsymbol{R}^2$ から直線 $\boldsymbol{R}$ を除いた補集合 $\boldsymbol{R}^2-\boldsymbol{R}$ は弧状連結でない．一方平面 $\boldsymbol{R}^2$ から両端点を含まない線分 A を除いた補集合 $\boldsymbol{R}^2-A$ は弧状連結である．

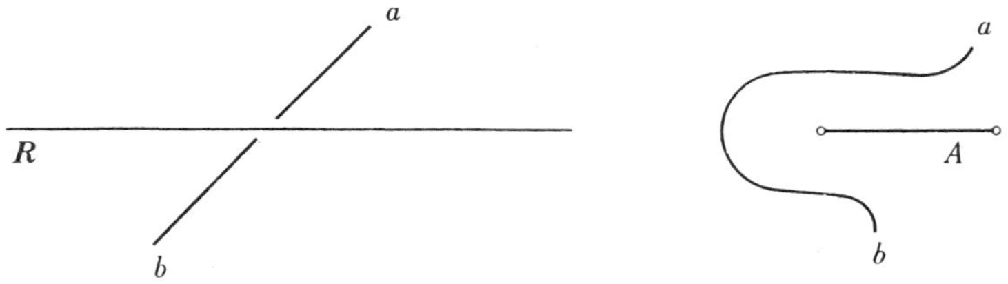

これらのことは上の図より明らかであろう．

例56 球面およびトーラスはいずれも弧状連結である．なお例6,8,9の図形のうち，例6の(19)(20)以外の図形はすべて弧状連結である．

§7 コンパクトと弧状連結が位相不変量であること

前節まで，われわれはコンパクトと弧状連結について説明してきたが，これらが位相幾何学で重要視されるのは，それら自身が図形の重要な性質であるという理由以外に，それらが位相不変量であるということにあるのである．これから，この位相不変量について説明しようと思う．さて**位相不変量**とは

位相同型な図形ならばつねに共有している性質

のことである．だから位相不変量は図形の分類に用いることができるだろうというわけである．

位相同型の厳密な定義を未だ与えていないので，つぎの定理の証明をいま与えることはできないが，ここではつぎの定理を認めていただくことにして話を進めていくことにしよう．

なお $\boldsymbol{R}^n$ で直線 $\boldsymbol{R}$，平面 $\boldsymbol{R}^2$，空間 $\boldsymbol{R}^3$ のいずれかを表わすのは今まで通りである．$\boldsymbol{R}^n$ の部分集合 A を考えるとき，A は単なる点の集まりであるというのではなく，$\boldsymbol{R}^n$

に位相がはいっているので，Aにも位相が考えられるのである．たとえば，集合Aがコンパクトであるとかないとか，あるいはAが弧状連結であるとかないとかという判定がつくのである．このように位相を考慮にいれた $\boldsymbol{R}^n$ の部分集合を**図形**ということにしよう．今までにも図形という用語を使ってきたが，実はそのつもりであったのである．

定理 57　$\boldsymbol{R}^n$ の２つの図形 A, B が位相同型：$A \cong B$ であるならば，つぎの(1)(2)がなりたつ．

(1)　AがコンパクトならばBもコンパクトである．

(2)　Aが弧状連結ならばBも弧状連結である．

この定理の対偶を述べるとつぎのようになるが，われわれが図形を分類するのによく用いるのはこの対偶の方である．

定理 58　$\boldsymbol{R}^n$ の２つの図型 A, B に対してつぎの(1)(2)がなりたつ．

(1)　AがコンパクトでありBがコンパクトでないならば，AとBは位相同型でない：$A \not\cong B$.

(2)　Aが弧状連結でありBが弧状連結でないならば，AとBは位相同型でない：$A \not\cong B$.

例 59　線分と両端点を含まない線分とは位相同型でない：

実際，線分はコンパクトである（例46）が，両端点を含まない線分はコンパクトでない（例48）．したがって両者は位相同型にはなり得ない（定理58(1)）．

例 60　円と放物線と双曲線は互いに位相同型でない．実際，円はコンパクトである（例46）が，放物線も双曲線もコンパクトでない（例47）．これより円は放物線，双曲線のいずれにも位相同型になり得ない（定理58(1)）．また放物線は弧状連結である（例53）が，双曲線は弧状連結でない（例53）から，両者は位相同型になり得ない（定理58(2)）．以上で，３者が互いに位相同型でないことが示された．

上記の例60が示すように，円と放物線と双曲線は互いに位相的に異なる図形であるから，位相幾何学ではこれらの曲線は別個の図形であるとみなすのである．幾何学の１つの分野に射影幾何学とよばれている幾何学があるが，その幾何学では，楕円も放物線も双曲線もいずれも２次曲線と名付けられる曲線であって，射影幾何学的には全

	コンパクト	弧状連結
円	○	○
放物線	×	○
双曲線	×	×

く同じ性質をもっており区別することのできない図形なのである．このことは位相幾何学と射影幾何学とが異なる幾何学であることを示しているといえよう．

例61　円 S^1 も線分 I もともにコンパクトであり(例46)，さらにともに弧状連結である(例52, 53)．このようにコンパクトと弧状連結に注目する限り，両者は同じ性質をもっている．しかしこの両者は位相同型でないのである：

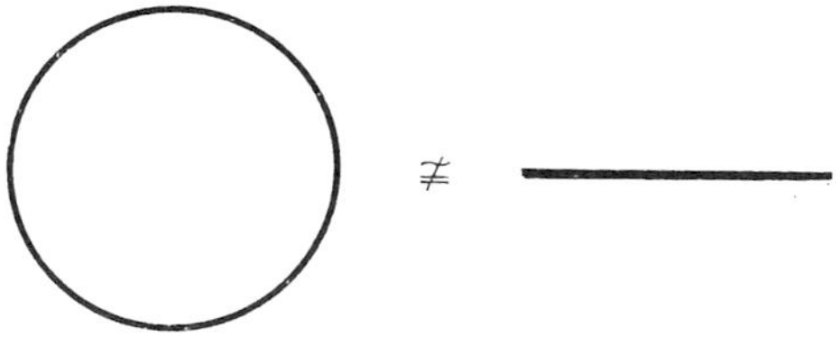

これを証明するためにつぎのようなことをしてみよう．両者の図形からそれぞれ1点を除いてみるのである．円 S^1 からはどのような1点 a を除いても，$S^1-\{a\}$ は弧状連結のままである．しかるに線分 I から(両端点以外の) 1点 b を除くと，$I-\{b\}$ は弧状連結でなくなってしまう．したがって $S^1-\{a\}$ と $I-\{b\}$ は位相同型でない(定理58(2))．だから円 S^1 と線分 I とは位相同型でないと結論するのである．(この証明のように，2つの図形が位相同型であるかどうかをみるのに，両者から同じ図形を取り除いて比較する方法は，少し用心してかからなければならないので，位相同型の定義を読んでからもう1度振り返っていただきたい．)

例62　円と円板はともにコンパクトであり(例46)，かつともに弧状連結である(例53, 56)．また例61のように，両者からそれぞれ1点ずつ取り除いてみてもともに弧状連結のままである．すなわちコンパクトと弧状連結の位相不変量だけでは，円と円板を位相的に区別することができないわけである．しかし実はこの両者は位相同型でないのである(理由はあとでわかる(定理126))：

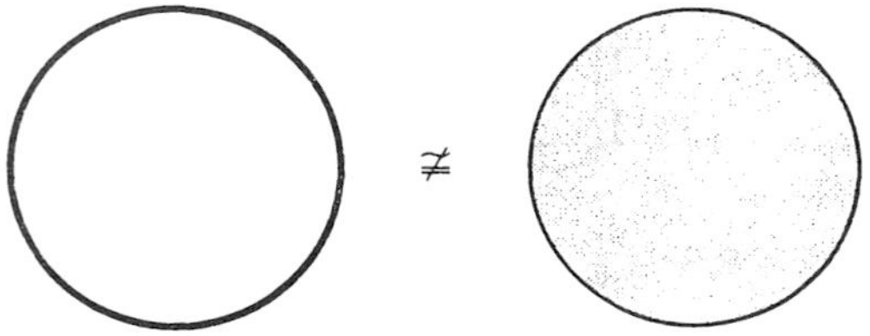

このようにコンパクトや弧状連結は位相不変量の1部なのであって，上記のような簡単そうに思える図形を分類するにも，もっとほかの位相不変量を探さなければならないのである．

例63　有界という概念は位相不変量ではない．たとえば両端を含まない線分 A と直線 $\boldsymbol{R}$ は位相同型である(例6，証明はあと(例99)でかく)．しかるに A は有界である(例43)が直線 $\boldsymbol{R}$ は有界でない(例44)．この例が示すように，有界であるかどうかで図形を位相的に分類することはできない．しかし，この有界性に $\boldsymbol{R}^n$ の閉集合であ

るという条件をつけ加えるとコンパクトになって，位相不変量になるのである．

§8　ホモトピー同値の不変量

前節でコンパクトと弧状連結が位相不変量であることを説明したが，さらにこれらがホモトピー同型の不変量であるかどうかをみよう．**ホモトピー同値不変量**とは

ホモトピー同型な図形ならばつねに共有している性質

のことである．

まずつぎの例からわかるように，コンパクトはホモトピー同型の不変量でない．

例64　両端点を含まない線分 A は1点 a にホモトピー同型である：

しかるにAはコンパクトでなく(例48)，１点aはコンパクトである(例45)．このようにコンパクトでない図形がコンパクトな図形にホモトピー同型になることはあり得る．

これに反して，弧状連結はホモトピー同型の不変量になっている．すなわちつぎの定理がなりたつ．この証明は本書では省略するが，ここではこの定理を認めていただくことにして話を進めよう．

定理 65　$\boldsymbol{R}^n$ の２つの図型 A, B がホモトピー同型：$A \simeq B$であるならばつぎのことがなりたつ．

Aが弧状連結ならばBも弧状連結である

図形をホモトピー同型のもとで分類するのに用いるのは，この定理の対偶の方である．

定理 66　$\boldsymbol{R}^n$ の２つの図形 A, B に対してつぎのことがなりたつ．

Aが弧状連連結でありBが弧状連結でないならば，AとBは(位相同型でない(定理58(2))どころか)ホモトピー同型でない：$A \not\simeq B$.

例 67　直線 $\boldsymbol{R}$と直線 $\boldsymbol{R}$から原点０を除いた図形$\boldsymbol{R}-\{0\}$はホモトピー同型でない：

実際，$\boldsymbol{R}$ は弧状連結であり(例52)，$\boldsymbol{R}-\{0\}$ は弧状連結でない(例54)．したがって，両者はホモトピー同型になり得ない(定理66)．

例 68　円と放物線と双曲線は互いにホモトピー同型でない．

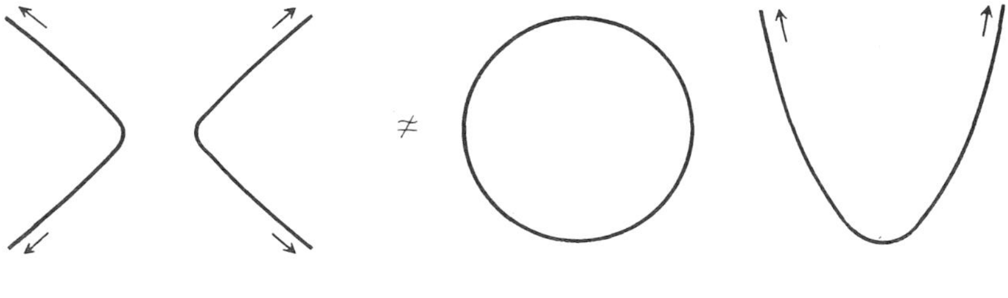

実際，まず双曲線は弧状連結でない（例53）が，円と放物線は弧状連結である（例58）．したがって双曲線は円にも放物線にもホモトピー同型になり得ない（定理66）．つぎに円と放物線とがホモトピー同型でないことを示さなければならないが，これらはともに弧状連結であるから，弧状連結性だけに注目して分類しようとしてもだめであり，現在の知識では無理であって，もっとほかのホモトピー不変量を考える必要がおこるのである．だからこの証明は後の章に譲ることにしよう．

第3章　位相同型写像

この章で位相同型の定義を与えて，いままでのあいまいさを取り除くことにしよう．

§1　写像

以下 X, Y で集合を表わすものとする．しかし本書ではユークリッド空間 $\boldsymbol{R}^n(n=1, 2, 3)$ の部分集合を考えることが多いので，X, Y をそのような図形と思ってもよい．

(1)　写像

定義　X, Y を集合とする．X の任意の点 x に対して Y の点 y がただ 1 つ対応するとき，このyを $f(x)$ で表わすことにして，**写像**

$$f: X \to Y$$

が与えられたという．Xを写像fの**定義域**といい，Yを写像fの**値領域**という．

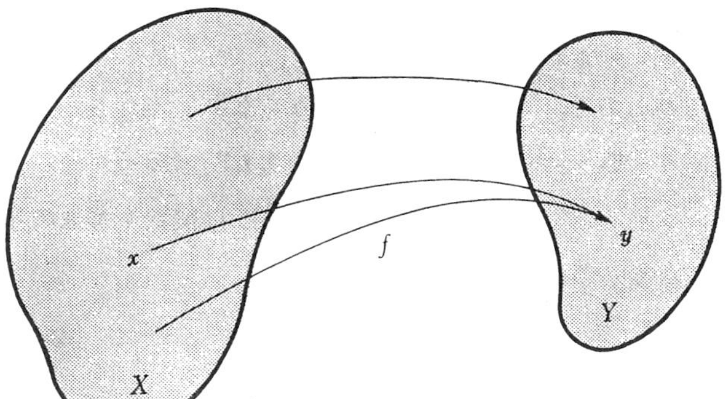

写像 $f: X \to Y$ において，値域 Y が実数全体の集合 $\boldsymbol{R}$（または複素数全体の集合 $\boldsymbol{C}$（さらにこれらの部分集合のこともある））であるとき，写像 $f: X \to Y$ を**関数**ということが多い．しかし写像 $f: X \to \boldsymbol{R}$ を関数というときには，f を単なる対応とみるのではなく，定義域 X および値域 $\boldsymbol{R}$ に位相がはいっていて，f の位相的性質（連続性など）や解析的性質（微分可能性など）を問題にすることが多いようである．

写像について注意しなければならないことは，写像を定義するには，まず定義域の集合 X と値領域の集合 Y を与え，それから対応 $f: X \to Y$ を与えるということである．たとえば，定義域も値領域も何も指定せずに関数

$$y = x^2$$

を考えるというのでは困る．単に関数 $y = x^2$ とかくのでは，x は実数値をとるのか複素数をとるのかさえ不明であるからである．しかし歴史的には必ずしもそうではなくて，むしろ関数の形を先に与えておいて，それからその定義域と値領域を定めるという考え方が先行したようであるが，少くとも今世紀はそうではない．

写像について（雑ないい方かもしれないが）もう少し注意しておこう．写像 $f: X \to Y$ の定義において，x の値に対して y の値が「ただ1つ」定まるということは大切なことである．たとえば式

$$y = x^2$$

を考えるとき（わざと定義域も値領域も指定しなかったので適当に考えていただこう），y は x の関数であるが，x は y の関数ではない．実際，x の値を定めると y の値は x^2 と1意に定まるので，y は x の関数である．しかし，y の値を与えると $x^2 = y$ をみたす x の値は2つもあるので，x は y の関数とはならない．だから，もし

関数 $y = x^2$ の逆関数は $x = \pm\sqrt{y}$ である

というようないい方をすることがあれば，$x = \pm\sqrt{y}$ は関数や写像の定義にあてはまらないので大いに困るのである．

上述と同様に，x, y が

$$x^2 + y^2 = 1$$

の関係にあるとき，x の値を定めると y の値は2つも決るので y は x の関数ではなく，また同じ理由で x は y の関数ではない．y は x の関数ではないので，y を x で微分することなど考えら

れる筈もないのに，形式的に微分して

$$2x+2yy'=0$$

とするのは非常に困る．もしこうしたければ，いわゆる「陰関数定理」を用いて，何とかしてyをxの関数とみてから微分するのである．話が本講の本題からそれたかもしれないが念のため書き添えておいた．

複素関数論では関数 $w=\sqrt{z}$ は2価関数であるといういい方をしているかもしれない．しかしこれにも多分に歴史的な背景があるのであって，Riemann（リーマン）が2枚の面をはり合わせてつくったいわゆる Riemann 面も，Riemann が関数 $w=\sqrt{z}$ を現在われわれが用いている意味での（1価）関数にしたいために考え出した苦労の所産なのである．このような例はまだほかにも多くあって，たとえば回転群 $SO(n)$ の表現論を考えるとき，余り遠くない昔には2価表現などという苦しい考え方をしていたが，その定義域をスピノル群 $Spin(n)$ に広げて考えると（1価）表現になって，うまく理論づけられたのである．このように考えると，先人達が多価関数を考察したことからこそ数学の発展がみられたという面も非常に多いのであるが，現在の数学では多価関数という考え方はない．

ここで以下の話によくでてくる記号をまとめておくことにしよう．

実数全体の集合を $\boldsymbol{R}$，または $(-\infty, \infty)$ で表わす：$\boldsymbol{R}=(-\infty, \infty)$

端点が $a, b(a<b)$ である閉区間を $[a, b]$ で表わす：

$$[a, b]=\{x\in\boldsymbol{R} | a\leqq x\leqq b\}$$

端点が $a, b(a<b)$ である開区間を (a, b) で表わす：

$$(a, b)=\{x\in\boldsymbol{R} | a<x<b\}$$

同様に，つぎの記号

$$(a, b]=\{x\in\boldsymbol{R} | a<x\leqq b\}, \qquad [a, b)=\{x\in\boldsymbol{R} | a\leqq x<b\}$$

$$(-\infty, b]=\{x\in\boldsymbol{R} | x\leqq b\}, \qquad [a, \infty)=\{x\in\boldsymbol{R} | a\leqq x\}$$

$$(-\infty, b)=\{x\in\boldsymbol{R} | x<b\}, \qquad (a, \infty)=\{x\in\boldsymbol{R} | a<x\}$$

も用いる．なお以下の例では写像は殆んどすべて関数である，すなわち値領域が$\boldsymbol{R}$となっていることが多い．

例69　対応 $f:\boldsymbol{R}\to\boldsymbol{R}$

$$f(x)=2x,\ f(x)=x^2,\ f(x)=\sin x,\ f(x)=e^x\dagger$$

---

† e は自然対数の底である．$e=2.71828\cdots$

はいずれも写像である.

例 70　　$f: \boldsymbol{R} \to \boldsymbol{R}, \quad f(x) = \sqrt{x}$

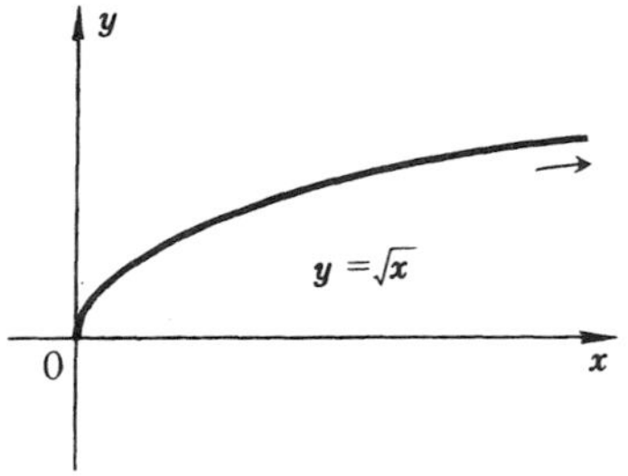

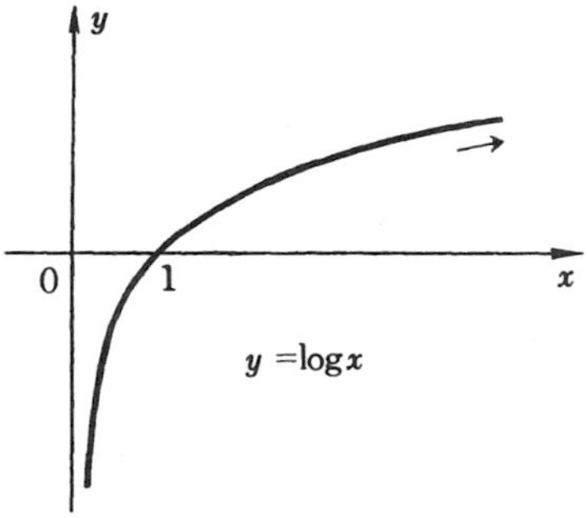

は写像でない. 実際, $\sqrt{-1}$ は実数でない : $\sqrt{-1} \notin \boldsymbol{R}$ ので, $x = -1$ に対して $f(-1)$ の値が値領域の点として定まらないからである. しかし, この定義域を制限して

$$f: \boldsymbol{R}_+ = [0, \infty) \to \boldsymbol{R},\ f(x) = \sqrt{x}$$

を考えるか, または値領域を拡大して

$$f: \boldsymbol{R} \to \boldsymbol{C}, \quad f(x) = \sqrt{x}$$

を考えると, これらの f はいずれも写像になる.

例 71

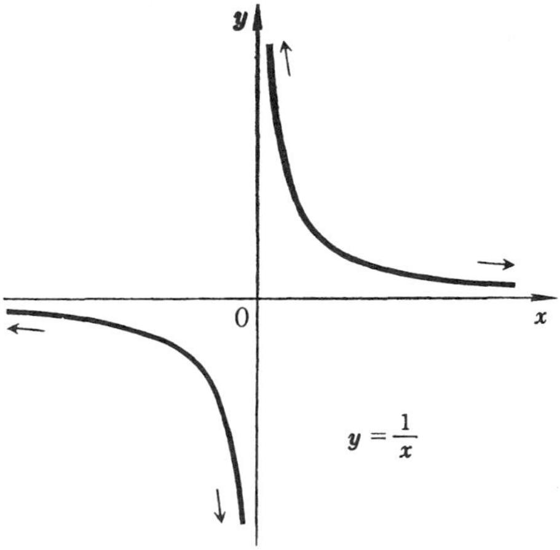

$$f: \boldsymbol{R} \to \boldsymbol{R}, \qquad f(x)=\frac{1}{x}$$

は写像でない．実際，$x=0$ のとき $f(0)=\frac{1}{0}$ が意味が無いからである．しかしこの

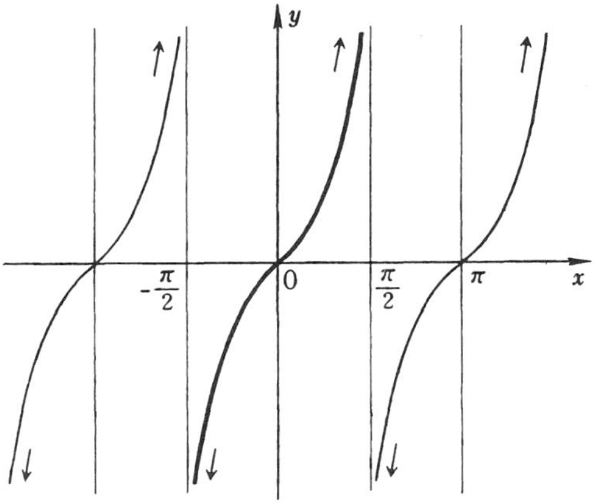

$y=\tan x$

定義域を訂正して

$$f:\boldsymbol{R}-\{0\}\to\boldsymbol{R},\quad f(x)=\frac{1}{x}$$

を考えると，この f は写像になる．同様に

$$f:\boldsymbol{R}\to\boldsymbol{R},\qquad f(x)=\log x$$
$$f:\boldsymbol{R}\to\boldsymbol{R},\qquad f(x)=\tan x$$

はいずれも写像でない．実際，$\log 0$，$\tan\frac{\pi}{2}$ などが意味がないからである．いまこれらの定義域をそれぞれ訂正して

$$f:\boldsymbol{R}^{+}=(0,\infty)\to\boldsymbol{R},\qquad f(x)=\log x$$
$$f:\boldsymbol{R}-\left\{\frac{(2n+1)\pi}{2}\,\middle|\,n\ \text{は整数}\right\}\to\boldsymbol{R},\quad f(x)=\tan x$$

を考えると，これらの f はいずれも写像になる．

つぎに写像 $f:X\to Y$ の定義域を取り替えることを考えてみよう．

定義 $f:X\to Y$ を写像とし，A を X の部分集合とする．このとき A の各点 a に対して $f'(a)=f(a)$ と定義すると，写像 $f':A\to Y$ を得る．この写像 $f':A\to Y$ を写像 $f:X\to Y$ の**制限**といい，$f|A:A\to Y$ または単に $f:A\to Y$ で表わす．

逆に写像 $f':A\to Y$ に対して $f|A=f'$ をみたす写像 $f:X\to Y$ を写像 $f':A\to Y$ の**拡張**という．

例72 写像 $$f':\boldsymbol{R}_{+}=[0,\infty)\to\boldsymbol{R},\quad f(x)=x^2$$
は写像

$$f:\boldsymbol{R}\to\boldsymbol{R},\quad f(x)=x^2$$

の制限であり：$f'=f|\boldsymbol{R}_{+}$，逆に写像 f は写像 f' の拡張になっている．

最後に写像 $f:X\to Y$ の像と逆像について述べておこう．

定義 $f:X\to Y$ を写像とする．

(1) X の部分集合 A に対して，Y の部分集合

$$f(A)=\{f(a)\,|\,a\in A\}$$

を A の f による**像**（または**値域**）という．

(2) Y の部分集合 B に対して，X の部分集合

$$f^{-1}(B)=\{x\in X\,|\,f(x)\in B\}$$

をBのfによる**逆像**という.

例73 写像 $f:\boldsymbol{R}\to\boldsymbol{R},\quad f(x)=\sin x$

による $\boldsymbol{R}$ の像は閉区間 $[-1,1]$ である：

$$f(\boldsymbol{R})=[-1,1]$$

また1点 $0\in\boldsymbol{R}$ の写像fによる逆像は，$\sin x=0$ となるxの全体であるから，

$$f^{-1}(0)=\{n\pi\,|\,n\text{ は整数}\}$$

である.

例74 写像 $f:\boldsymbol{R}-\{0\}\to\boldsymbol{R},\quad f(x)=x+\dfrac{1}{x}$

による $\boldsymbol{R}-\{0\}$ の像は

$$f(\boldsymbol{R}-\{0\})=\{y\in\boldsymbol{R}\,|\,|y|\geqq 2\}$$

である．実際，$\left|x+\dfrac{1}{x}\right|=|x|+\dfrac{1}{|x|}\geqq 2\sqrt{|x|\dfrac{1}{|x|}}=2$ であるから，$f(\boldsymbol{R}-\{0\})\subset\{y\in\boldsymbol{R}\,|\,|y|\geqq 2\}$ である．逆に $y\in\boldsymbol{R}$ が $|y|\geqq 2$ ならば，$x+\dfrac{1}{x}=y$ をみたすxの値が $x=\dfrac{y\pm\sqrt{y^2-4}}{2}$ のように求められるので，$f(\boldsymbol{R}-\{0\})\supset\{y\in\boldsymbol{R}\,|\,|y|\geqq 2\}$ である．以上より，等号$f(\boldsymbol{R}-\{0\})=\{y\in\boldsymbol{R}\,|\,|y|\geqq 2\}$を得る.

(2) 全射と単射

写像が全射であること単射であることの定義を与えよう．位相同型写像を定義するには，この両方の性質をもつ全単射という考え方がまず大切になる.

定義 写像 $f:X\to Y$ において，$f(X)=Y$ がなりたっているとき，すなわち

Yの任意の点yに対して $f(x)=y$ となるXの点xが存在するとき

fは**全射**であるという.

定義 写像 $f:X\to Y$ において，

$$x\neq x' \text{ ならば } f(x)\neq f(x')$$

（これは $f(x)=f(x')$ ならば $x=x'$ としてもよい）がなりたつとき，fは**単射**である

という．

定義　写像 $f: X \to Y$ が全射でありかつ単射であるとき，f は**全単射**であるという．

例 75　Xを集合とする．写像 $f: X \to X$ を

$$f(x) = x \quad x \in X$$

と定義すると，明らかにfは全単射である．この写像fをXにおける**恒等写像**といい，1_X または単に 1 で表わす．

例 76　写像　$f: \boldsymbol{R} \to \boldsymbol{R},\quad f(x) = 2x$

は全単射である．また写像

$$f: [0,1] \to [0,2],\quad f(x) = 2x$$

も全単射である．

例 77　写像　$f: \boldsymbol{R} \to \boldsymbol{R},\quad f(x) = x^2$

は全射でも単射でもない．実際，全射でないことは，たとえば -1 に対して $x^2 = -1$ をみたす実数xが存在しないからである．単射でないことは

$$1 \neq 1 \text{ であるのに } (-1)^2 = 1^2$$

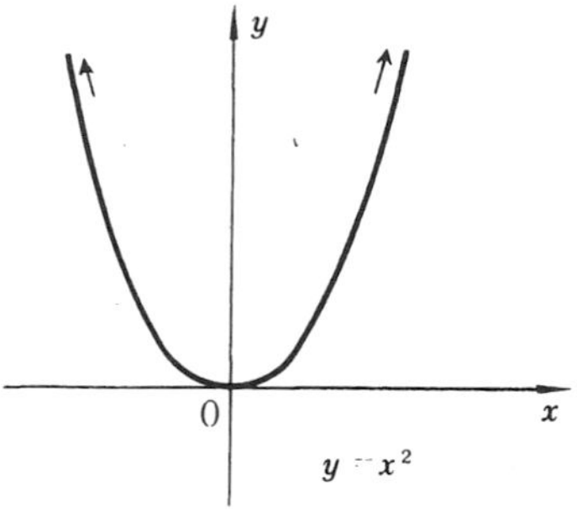

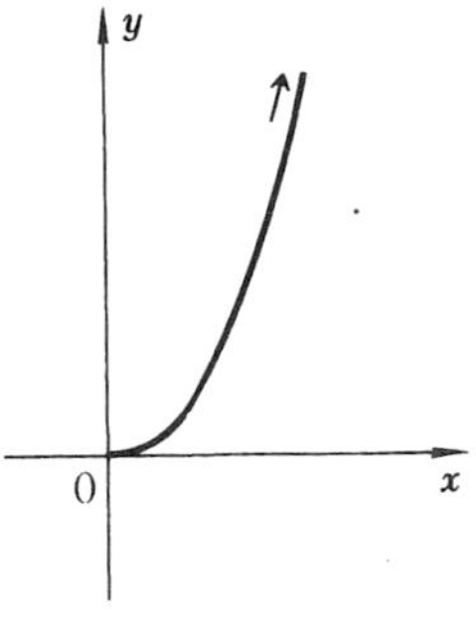

となるからである．いまfの値領域をfによる $\boldsymbol{R}$ の像 $f(\boldsymbol{R})$ におきかえて，写像

$$f: \boldsymbol{R} \to \boldsymbol{R}_+ = [0, \infty),\quad f(x) = x^2$$

を考えると，このfは全射になる．しかし単射でない．さらに単射にするために定義

域にも制限を加えて，写像

$$f: \boldsymbol{R}_+ \to \boldsymbol{R}_+, \qquad f(x) = x^2$$

を考えると，f は全射にも単射にもなる．すなわちこの f は全単射である．単射であることは，よく知られた事実

$$a^2 = b^2, \quad a, b \geqq 0, \quad ならば \quad a = b$$

のことである．同様に写像

$$f: \boldsymbol{R}_- = (-\infty, 0] \to \boldsymbol{R}_+, \quad f(x) = x^2$$

も全単射である．

例78　写像　$$f: \boldsymbol{R} \to \boldsymbol{R}, \quad f(x) = \sin x$$

は全射でも単射でもない．

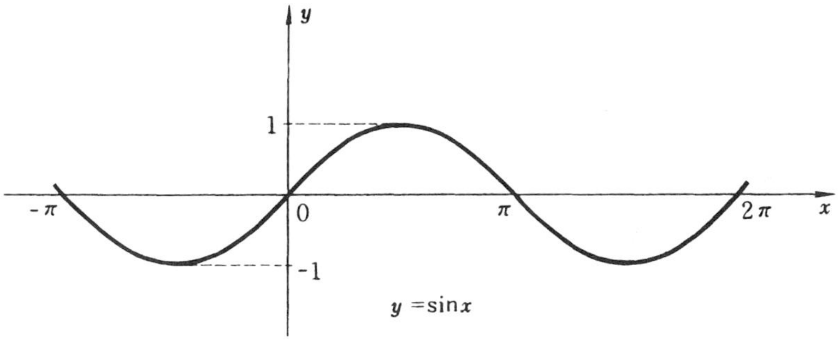

実際，全射でないことは，たとえば2の値に対して $\sin x = 2$ をみたす実数 x が存在しないからである．単射でないことは

$$0 \neq \pi \quad であるのに \quad \sin 0 = \sin \pi$$

となるからである．いま f の値領域を f による $\boldsymbol{R}$ の像 $f(\boldsymbol{R})$ (例73) におきかえて，写像

$$f: \boldsymbol{R} \to [-1, 1], \quad f(x) = \sin x$$

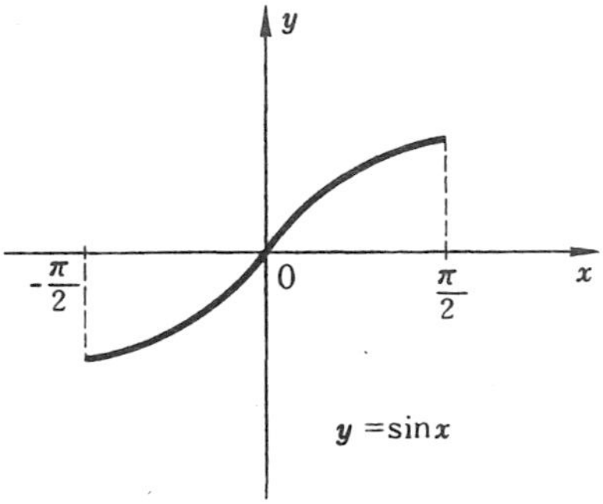

を考えると，この f は全射になる．しかし単射でない．さらに単射にするために定義域にも制限を加えて，写像

$$f:\left[-\frac{\pi}{2},\frac{\pi}{2}\right]\to[-1,1],\quad f(x)=\sin x$$

を考えると，この f は全単射である．

例79 写像

$$f:\boldsymbol{R}-\left\{\frac{2n+1}{2}\pi \,\middle|\, n\text{は整数}\right\}\to\boldsymbol{R},$$

$$f(x)=\tan x$$

は全射であるが単射でない．単射にするために定義域に制限を加えて，写像

$$f:\left(-\frac{\pi}{2},\frac{\pi}{2}\right)\to\boldsymbol{R},\quad f(x)=\tan x$$

を考えると，この f は全単射になる．

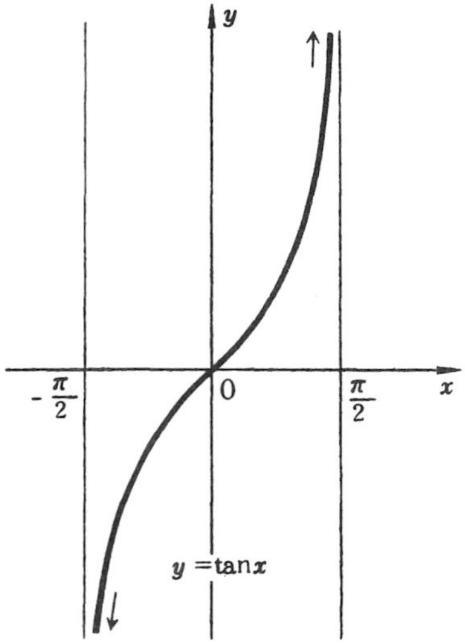

例 80　写像　　$f: \boldsymbol{R} \to \boldsymbol{R}$,　$f(x)=e^x$

は単射であるが全射でない．全射にするために値領域を訂正して，写像

$$f: \boldsymbol{R} \to \boldsymbol{R}^+ = (0, \infty), \quad f(x)=e^x$$

を考えると，この f は全単射になる．

例76-80が示しているように，一般に直線 $\boldsymbol{R}$ 上の区間 J で定義された関数 $f: J \to \boldsymbol{R}$ が増加関数，すなわち

$$x<x' \quad x, x' \in J \text{ ならば } f(x)<f(x')$$

であれば，写像 $f: J \to f(J)$ は全単射となる．このことは $f: J \to \boldsymbol{R}$ が減少関数（$x<x'$, $x, x' \in J$ ならば $f(x)>f(x')$）のときも同様である．

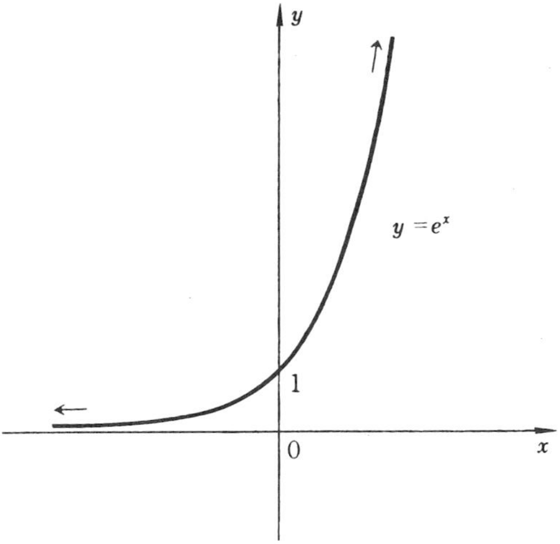

例 81　平面 $\boldsymbol{R}^2=\{(x, y) \mid x, y \in \boldsymbol{R}\}$ における**線型写像**とよばれている写像（$a, b, c, d \in \boldsymbol{R}$）

$$f: \boldsymbol{R}^2 \to \boldsymbol{R}^2, \quad f(x, y)=(ax+by, cx+dy)$$

は，$ad-bc \neq 0$ ならば全単射であり，$ad-bc=0$ ならば全射でも単射でもない．それは連立方程式 $\begin{cases} ax+by=p \\ cx+dy=q \end{cases}$ を解くとき，$ad-bc \neq 0$ ならば解があってしかも解はただ

1つであり，$ab-bc=0$ ならば解がなかったり $\left(\text{たとえば}\begin{cases}x+y=0\\2x+2y=1\end{cases}\right)$，解を無数にもつ $\left(\text{たとえば}\begin{cases}x+y=1\\2x+2y=2\end{cases}\right)$ からである．

例82　平面 $\boldsymbol{R}^2$ におけるつぎの3つの写像はいずれも全単射である．

$$f:\boldsymbol{R}^2\to\boldsymbol{R}^2,\quad f(x,y)=(x+p,y+q)$$
$$f:\boldsymbol{R}^2\to\boldsymbol{R}^2,\quad f(x,y)=(x\cos\theta-y\sin\theta,\ x\sin\theta+y\cos\theta)$$
$$f:\boldsymbol{R}^2\to\boldsymbol{R}^2,\quad f(x,y)=(-x,y)$$

これらの写像は上から順に，$\boldsymbol{R}^2$ における**平行移動**，**回転**，**裏返し**とよばれている．なお，回転と裏返しは $\boldsymbol{R}^2$ における線型写像（例81）である．

(3)　逆写像

写像の逆写像を説明する前に，写像の合成について述べよう．

定義　2つの写像 $f:X\to Y,\ g:Y\to Z$ に対して

$$h(x)=g(f(x))\quad x\in X$$

と定義すると写像 $h:X\to Z$ を得る．この写像 h を gf で表わし，f と g の**合成写像**という．

例83　写像　$h:\boldsymbol{R}\to\boldsymbol{R},\quad h(x)=(x^2+1)^3$

は2つの写像

$$f:\boldsymbol{R}\to\boldsymbol{R},\quad f(x)=x^2+1\qquad g:\boldsymbol{R}\to\boldsymbol{R},\quad g(x)=x^3$$

の合成写像：$h=gf$ である．また h はつぎの3つの写像

$$k:\boldsymbol{R}\to\boldsymbol{R},\quad k(x)=x^2\qquad l:\boldsymbol{R}\to\boldsymbol{R},\quad l(x)=x+1\qquad g:\boldsymbol{R}\to\boldsymbol{R},\quad g(x)=x^3$$

の合成写像：$h=glk$ にもなっている．

例84　2つの写像

$$f:\boldsymbol{R}\to\boldsymbol{R},\quad f(x)=2x-1\qquad g:\boldsymbol{R}\to\boldsymbol{R},\ g(x)=\frac{x+1}{2}$$

の合成写像は $\boldsymbol{R}$ における恒等写像である：$gf=1$．実際，

$$(gf)(x)=g(f(x))=g(2x-1)=\frac{(2x-1)+1}{2}=x$$

となるからである．また g と f の合成写像も $\boldsymbol{R}$ における恒等写像である：$fg=1$．実際，

$$(fg)(x)=f(g(x))=f\left(\frac{x+1}{2}\right)=2\left(\frac{x+1}{2}\right)-1=x$$

となるからである．

さて，写像 $f:X\to Y$ の逆写像を定義しよう．逆写像は任意の写像 $f:X\to Y$ に対して定義されるのではなくて，f が全単射のときのみ定義されるのである．

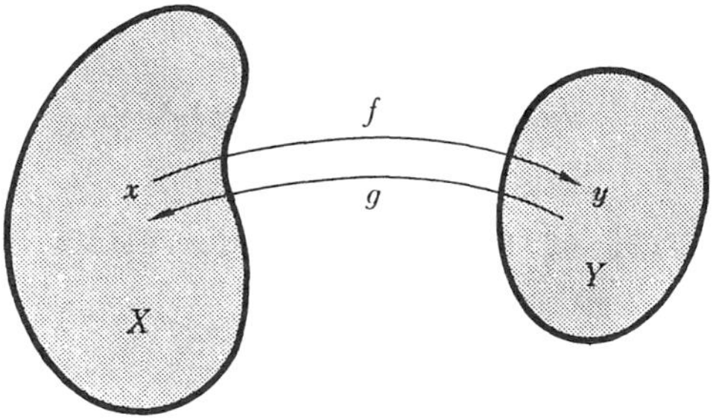

写像 $f:X\to Y$ を全単射とする．まず f が全射であるから，Y の点 y に対して $f(x)=y$ をみたす X の点 x が存在する．つぎに f は単射であるから，$f(x)=y$ となる x は y に対してただ1つに定まる．このようにすると，f が全単射であれば，y に対して $f(x)=y$ をみたす x を対応させることにより写像 $g:Y\to X$ を定義することができる．この写像 g を f の**逆写像**という．（f の逆写像は f^{-1} で表わすことが多い）．写像 $f:X\to Y$ とその逆写像 $g:Y\to X$ の間には明らかに

$$\begin{cases} g(f(x))=x & x\in X \\ f(g(y))=y & y\in Y \end{cases}$$

の関係がなりたっている．これを合成写像の記号を用いて表わすと

$$\begin{cases} gf=1 & (1:X\to X \text{ は恒等写像}) \\ fg=1 & (1:Y\to Y \text{ は恒等写像}) \end{cases}$$

のようになる．

例 85 写像 $f:\boldsymbol{R}\to\boldsymbol{R},\quad f(x)=2x$

は全単射であった（例76）からその逆写像 g が存在するが，それは

$$g:\boldsymbol{R}\to\boldsymbol{R},\quad g(x)=\frac{x}{2}$$

で与えられる.

例 86　写像

$$f: \boldsymbol{R}_+ = [0, \infty) \to \boldsymbol{R}_+, \quad f(x) = x^2$$

は全単射であった（例77）からその逆写像 g が存在するが，それは

$$g: \boldsymbol{R}_+ \to \boldsymbol{R}_+, \quad g(x) = \sqrt{x}$$

で与えられる．同様に全単射

$$f: \boldsymbol{R}_- = (-\infty, 0] \to \boldsymbol{R}_+, \quad f(x) = x^2$$

（例77）の逆写像は

$$g: \boldsymbol{R}_+ \to \boldsymbol{R}_-, \quad g(x) = -\sqrt{x}$$

で与えられる.

例 87　写像

$$f: \left[-\frac{\pi}{2}, \frac{\pi}{2}\right] \to [-1, 1], \quad f(x) = \sin x$$

は全単射であった（例78）からその逆写像が存在するが，それは

$$g: [-1, 1] \to \left[-\frac{\pi}{2}, \frac{\pi}{2}\right], \quad g(x) = \sin^{-1} x$$

で与えられる．逆正弦関数 $\sin^{-1} x$ を，無限級数を使ってなどして既に知っている人には，このような「…で与えられる」というような述べ方でよいかもしれないけれども，そうでない人には，$\sin^{-1} x$ は上述の正弦関数 $f: \left[-\frac{\pi}{2}, \frac{\pi}{2}\right] \to [-1, 1]$, $f(x) = \sin x$ の逆関数として定義するとしておけばよい．このことは例86, 88でもいえることである.

例 88　写像

$$f: \left(-\frac{\pi}{2}, \frac{\pi}{2}\right) \to \boldsymbol{R}, \quad f(x) = \tan x$$

は全単射であった（例79）からその逆写像が存在するが，それは

$$g: \boldsymbol{R} \to \left(-\frac{\pi}{2}, \frac{\pi}{2}\right), \quad g(x) = \tan^{-1} x$$

で与えられる.

写像 $f: X \to Y$ が全単射であれば，f の逆写像 $g: Y \to X$ が存在し，それらの間には $gf = 1$, $fg = 1$ の関係がなりたつことを示したが，逆に写像 f に対し $gf = 1$, $fg = 1$ をみたす写像 $g: Y \to X$ が存在することが，f が全単射であるための十分条件にもなっているのである．これを示すためにつぎの補題から始めよう.

補題　2つの写像 $f: X \to Y$, $g: Y \to X$ が

$$gf=1$$

をみたすならば，g は全射であり，f は単射である．

証明　Xの点xに対してYの点 $f(x)$ を考えると，$gf=1$ より $g(f(x))=x$ となる．これはgが全射であることを示している．つぎにfが単射であることを示そう．Xの2点 x, x' に対して $f(x)=f(x')$ であるとする．この両辺に写像gを施すと $g(f(x))=g(f(x'))$ となるが，$gf=1$ の仮定より $x=x'$を得る．よってfは単射である．

この補題を $fg=1$ にも用いると容易につぎの命題を得る．

命題89　2つの写像 $f: X\to Y$, $g: Y\to X$ が

$$gf=1,\quad fg=1$$

をみたすならば，f, g はともに全単射であり，かつ f, g は互いに他の逆写像である．

例90　2つの写像

$$f: \boldsymbol{R}\to\boldsymbol{R},\quad f(x)=2x-1 \qquad g: \boldsymbol{R}\to\boldsymbol{R},\quad g(x)=\frac{x+1}{2}$$

は互いに他の逆写像である．実際，$gf=1$, $fg=1$ がなりたつことを例84が示しているからである．

例91　2つ写像

$$f: \boldsymbol{R}\to\boldsymbol{R}^+=(0, \infty),\quad f(x)=e^x$$
$$g: \boldsymbol{R}^+\to\boldsymbol{R},\qquad g(x)=\log x$$

は互いに他の逆写像である．

例92　例81の $ad-bc\neq 0$ ときの写像

$$f: \boldsymbol{R}^2\to\boldsymbol{R}^2,\quad f(x, y)=(ax+by, cx+dy)$$

の逆写像は

$$g: \boldsymbol{R}^2\to\boldsymbol{R}^2,\quad g(x, y)=\frac{1}{ad-bc}(dx-by,\ -cx+ay)^{\dagger}$$

である．また例82の3つの写像

$$f: \boldsymbol{R}^2\to\boldsymbol{R}^2,\quad f(x, y)=(x+p, y+q)$$
$$f: \boldsymbol{R}^2\to\boldsymbol{R}^2,\quad f(x, y)=(x\cos\theta-y\sin\theta,\ x\sin\theta+y\cos\theta)$$
$$f: \boldsymbol{R}^2\to\boldsymbol{R}^2,\quad f(x, y)=(-x, y)$$

---

† 記号 $\lambda(x, y)$ は $(\lambda x, \lambda y)$ を意味する．

の逆写像はそれぞれ

$$g: \boldsymbol{R}^2 \to \boldsymbol{R}^2, \quad g(x, y) = (x - p,\ y - q)$$
$$g: \boldsymbol{R}^2 \to \boldsymbol{R}^2, \quad g(x, y) = (x\cos\theta + y\sin\theta,\ -x\sin\theta + y\cos\theta)$$
$$g: \boldsymbol{R}^2 \to \boldsymbol{R}^2, \quad g(x, y) = (-x, y)$$

である.

§2　位相同型写像

この節で連続写像 $f: X \to Y$ を定義するのであるが，そのためには X, Y に位相がはいっていることが必要であって，X, Y が単なる集合では困るのである．そこで以下の話では，X, Y はユークリッド空間 $\boldsymbol{R}^n (n=1, 2, 3)$ の部分集合，すなわち図形であるとしておく.

(1)　距離

ユークリッド空間 $\boldsymbol{R}^n$ やその部分集合 X においては，その 2 点 x, y に対して x, y の距離が定義されている．ここに x, y の距離とは x と y を結んだ線分の長さのことである．この距離をもう少し詳しく説明してみよう.

直線 $\boldsymbol{R}$ 上の 2 点 x, y に対してその距離 $d(x, y)$ を実数 x と y の差の絶対値：

$$d(x, y) = |x - y|$$

と定義する．このときこの距離 d はつぎの命題の条件をみたしている.

命題 93　(1)　$d(x, y) \geqq 0$

(2)　$d(x, y) = d(y, x)$

(3)　$d(x, y) \leqq d(x, z) + d(z, y)$

(4)　$d(x, y) = 0 \Longleftrightarrow x = y$

平面 $\boldsymbol{R}^2$ では，2 点 $x = (x_1, x_2)$，$y = (y_1, y_2)$ の距離 $d(x, y)$ を

$$d(x, y) = \sqrt{(x_1 - y_1)^2 + (x_2 - y_2)^2}$$

と定義し，空間 $\boldsymbol{R}^3$ でも 2 点 $x = (x_1, x_2, x_3)$，$y = (y_1, y_2, y_3)$ の距離 $d(x, y)$ を

$$d(x, y) = \sqrt{(x_1 - y_1)^2 + (x_2 - y_2)^2 + (x_3 - y_3)^2}$$

と定義する．するとこれらの距離 d も命題93の 4 つの条件をみたしている．なおユークリッド空間 $\boldsymbol{R}^n$ の距離 $d(x, y)$ は $|x - y|$ とかくことが多いので，しばらくその記号

を用いることにする.

(2) 連続写像

$\boldsymbol{R}^n$ やその部分集合Xでは2点 x, y の距離が定義されたが, 距離の考え方が重要視されるのは, この距離を用いると極限という概念が導入されるからである. すなわち, 距離を用いると, 点列 $x_1, x_2, \cdots, x_m, \cdots$ が点xに近づくということが定義できるのである. ここに点列 $x_1, x_2, \cdots, x_m, \cdots$ がxに近づくとは x_m とxの距離 $|x_m-x|$ がmを大きくするといくらでも0に近づくことである. そしてこのときxを $\lim_{m\to\infty} x_m = x$ とかくのである. 以上のことを定義としてかいておこう.

定義 $\boldsymbol{R}^n$ の部分集合Xの点列 $x_1, x_2, \cdots, x_m, \cdots$ とXの点xに対して

$$\lim_{m\to\infty} |x_m - x| = 0$$

となっているとき, 点列$x_1, x_2, \cdots, x_m, \cdots$ はxに**収束する**といい, 記号

$$\lim_{m\to\infty} x_m = x$$

で表わす.

定義 X, Y を $\boldsymbol{R}^n$ の部分集合とし, $f: X \to Y$ を写像とする. Xの任意の点xに対し, x に収束するいかなる点列 $x_1, x_2, \cdots, x_m, \cdots$ をとっても, 点列 $f(x_1), f(x_2), \cdots, f(x_m), \cdots$ が $f(x)$ に収束するとき, すなわち

$$\lim_{m\to\infty} x_m = x \quad \text{ならば} \quad \lim_{m\to\infty} f(x_m) = f(x)$$

がなりたつとき, 写像fは**連続**であるという.

写像$f: X \to Y$ が連続であるということの直感的な感じを述べるとつぎのようになるであろう. 点xが少し動けばそれにつれて $f(x)$ も少し動くときにはfは連続であり, これに反して, xがほんのわずかしか動かないのに $f(x)$ が大きく動く個所があると f は連続でない. 数学ではこのような直感的な見方を尊重するということは非常に大切なことなのであるが, 直感には限度があり, また客観性がないので, 理論の組立ては定義に基づいてはっきりする必要が生ずるのである.

例 94 写像 $$f: \boldsymbol{R} - \{0\} \to \boldsymbol{R}, \quad f(x) = \frac{1}{x}$$

は連続写像である. 実際,

$$\lim_{m\to\infty} x_m = a \quad \text{ならば} \quad \lim_{m\to\infty} \frac{1}{x_m} = \frac{1}{a}$$

がなりたつからである．($y=\dfrac{1}{x}$ のグラフをかくと $x=0$ の所でグラフが切れているから，関数 $y=\dfrac{1}{x}$ は $x=0$ で不連続であると答えるのは誤りである．$x=0$ は不連続点ではなく，関数が定義されない点である（例71)).

例 95 写像 $$f:\boldsymbol{R}\to\boldsymbol{R},\ f(x)=\sin x$$
は連続写像である．実際，

$$\begin{aligned}|\sin x_m-\sin a|&=2\left|\cos\frac{x_m+a}{2}\sin\frac{x_m-a}{2}\right|\\&\leqq 2\cdot 1\cdot\left|\frac{x_m-a}{2}\right|\quad(|\sin x|\leqq|x|\ \text{を用いた})\\&=|x_m-a|\end{aligned}$$

であるから，$\lim_{m\to\infty}|x_m-a|=0$ ならば $\lim_{m\to\infty}|\sin x_m-\sin a|=0$ となるからである．また写像

$$f:\boldsymbol{R}\to\boldsymbol{R},\quad f(x)=2x,\quad f(x)=x^2,\quad f(x)=e^x$$
$$f:\boldsymbol{R}-\left\{\frac{2n+1}{2}\pi\ \middle|\ n\ \text{は整数}\right\}\to\boldsymbol{R},\ f(x)=\tan x$$

はいずれも連続である．さらにつぎの写像

$$f:\boldsymbol{R}_+=[0,\infty)\to\boldsymbol{R},\quad f(x)=\sqrt{x}$$
$$f:\boldsymbol{R}^+=(0,\infty)\to\boldsymbol{R},\quad f(x)=\log x$$
$$f:[-1,1]\to\left[-\frac{\pi}{2},\frac{\pi}{2}\right],\quad f(x)=\sin^{-1}x$$
$$f:\boldsymbol{R}\to\left(-\frac{\pi}{2},\frac{\pi}{2}\right),\quad f(x)=\tan^{-1}x$$

（例86, 87, 88, 91）も連続写像である．これらの関数が連続であることを示すには，解析学でよく知られたつぎの定理を用いるとよい．

定理 J を直線 $\boldsymbol{R}$ 上の区間とし，$f:J\to\boldsymbol{R}$ を増加（または減少）連続関数とすると，f の逆関数 $g:f(J)\to J$ もまた連続である．

しかし注意しなければならないのは，これは直線 $\boldsymbol{R}$ 上での特殊現象であって，一般には連続写像 $f:X\to Y$ が全単射であっても，その逆写像 $g:Y\to X$ は連続である

とは限らない.

例 96　実数 x に，x を越えない最大の整数 $[x]$ (Gauss（ガウス）の記号)を対応させる関数

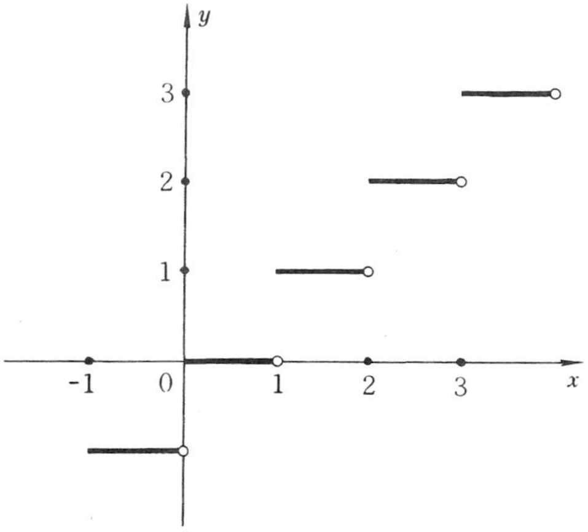

$$f : \boldsymbol{R} \to \boldsymbol{R}, \quad f(x) = [x]$$

は不連続な写像である．実際，x_m が 1 より小さい値をとりながら 1 に近づくと，$[x_m]$ の値は 0 に近づく．このように $\lim_{m\to\infty} x_m = 1$ であっても $\lim_{m\to\infty}[x_m] = [1]$ とならないので，f は連続ではない.

(3)　位相同型写像

写像 f の全単射と連続性がわかったので，これから図形の位相同型の定義にとりかかろう．これで 1, 2 章のあいまいさがある程度取り除かれるものと思う.

定義　X, Y を $\boldsymbol{R}^n$ の部分集合とする．写像 $f : X \to Y$ が全単射であって，かつ f および f の逆写像 $g : Y \to X$ がともに連続であるとき，f を**位相同型写像**（または**同相写像**）という.

定義　X, Y を $\boldsymbol{R}^n$ の部分集合とする．X と Y の間に位相同型写像 $f : X \to Y$ が存在するとき，X と Y は**位相同型**である（または**同相**である）といい，記号

$$X \cong Y$$

で表わす．したがってXとYが位相同型であることを示すことと

$$gf=1, \quad fg=1$$

をみたす2つの連続写像 $f: X \to Y$, $g: Y \to X$ を見つけることは同じである（命題89）．

例 97　長さ1の線分 $[0,1]$ と長さ2の線分 $[0,2]$ は位相同型である：

$$[0,1] \cong [0,2]$$

実際，2つの写像

$$f: [0,1] \to [0,2], \quad f(x)=2x$$
$$g: [0,2] \to [0,1], \quad g(x)=\frac{x}{2}$$

はともに連続であって（例95），かつ互いに他の逆写像である（例85）からである．同じようにすると，つぎの2つの図形が位相同型であることも示される．

$$(0,1) \cong (0,2)$$

例 98　2つの線分 $\left[-\frac{\pi}{2}, \frac{\pi}{2}\right]$ と $[-1,1]$ は位相同型である：

$$\left[-\frac{\pi}{2}, \frac{\pi}{2}\right] \cong [-1,1]$$

これを証明するには，例97のように互いに他の逆写像である2つの連続写像

$$f: \left[-\frac{\pi}{2}, \frac{\pi}{2}\right] \to [-1,1], \quad f(x)=\frac{\pi}{2}x$$
$$g: [-1,1] \to \left[-\frac{\pi}{2}, \frac{\pi}{2}\right], \quad g(x)=\frac{2}{\pi}x$$

を用いるとよいが，別証明として互いに逆写像である（例87）2つの連続写像（例95）

$$f: \left[-\frac{\pi}{2}, \frac{\pi}{2}\right] \to [-1,1], \quad f(x)=\sin x$$
$$g: [-1,1] \to \left[-\frac{\pi}{2}, \frac{\pi}{2}\right], \quad g(x)=\sin^{-1} x$$

を用いてもよい．このように，2つの図形 X, Y が位相同型を示す方法は幾通りもあるわけである．

例 99　両端点を含まない線分 $\left(-\frac{\pi}{2}, \frac{\pi}{2}\right)$ と直線 $\boldsymbol{R}$ は位相同型である：

$$\left(-\frac{\pi}{2},\ \frac{\pi}{2}\right)\cong \boldsymbol{R}$$

実際，２つの写像

$$f:\left(-\frac{\pi}{2},\ \frac{\pi}{2}\right)\to \boldsymbol{R},\quad f(x)=\tan x$$

$$g:\boldsymbol{R}\to\left(-\frac{\pi}{2},\ \frac{\pi}{2}\right),\quad g(x)=\tan^{-1} x$$

はともに連続であって（例95），かつ互いに他の逆写像である（例88）からである．また例97のようにすると，$(0,1)\cong\left(-\frac{\pi}{2},\ \frac{\pi}{2}\right)$ が示されるので，上の結果とあわせると，$(0,1)$ と $\boldsymbol{R}$ が位相同型である：

$$(0,1)\cong \boldsymbol{R}$$

こともわかる．

例 100　端点を含まない半直線 $\boldsymbol{R}^+=(0,\infty)$ と直線 $\boldsymbol{R}$ は位相同型である：

$$\boldsymbol{R}^+\cong \boldsymbol{R}$$

実際，２つの写像

$$f:\boldsymbol{R}^+\to \boldsymbol{R},\quad f(x)=\log x$$
$$g:\boldsymbol{R}\to \boldsymbol{R}^+,\quad g(x)=e^x$$

はともに連続であって（例95），かつ互いに他の逆写像である（例91）からである．例99, 100は，$\boldsymbol{R}$ 上の開区間はその長さのいかんにかかわらず，すべて互いに位相同型であることを示している．

例 101　われわれは例59でコンパクトという位相不変量を用いて

$$[0,1]\not\cong(0,1)$$

を示した．このことは，$[0,1]$ と $(0,1)$ の間には位相同型写像 $f:[0,1]\to(0,1)$ を絶対つくることができないことを示している．

例 102　線分 $X=[-1,1]$ と半円 $Y=\{(x,y)\in \boldsymbol{R}^2\,|\,x^2+y^2=1,\ y\geqq 0\}$ は位相同型である：

実際，２つの写像

$$f:X\to Y,\quad f(x)=(x,\ \sqrt{1-x^2})$$
$$g:Y\to X\quad g(x,y)=x$$

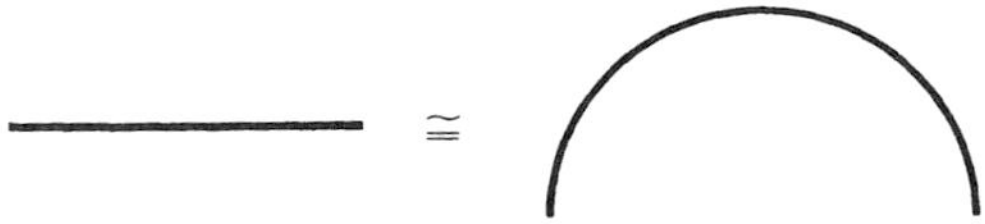

はともに連続であって，かつ $gf=1,\ fg=1$ をみたしているからである．念のために $gf=1,\ fg=1$ を確かめておこう．

$$(gf)(x)=g(f(x))=g(x,\ \sqrt{1-x^2})=x$$
$$(fg)(x,y)=f(g(x,y))=f(x)=(x,\ \sqrt{1-x^2})=(x,y)$$

例 103　放物線 $X=\{(x,y)\in \boldsymbol{R}^2 \mid y=x^2\}$ と直線 $\boldsymbol{R}$ は位相同型である：

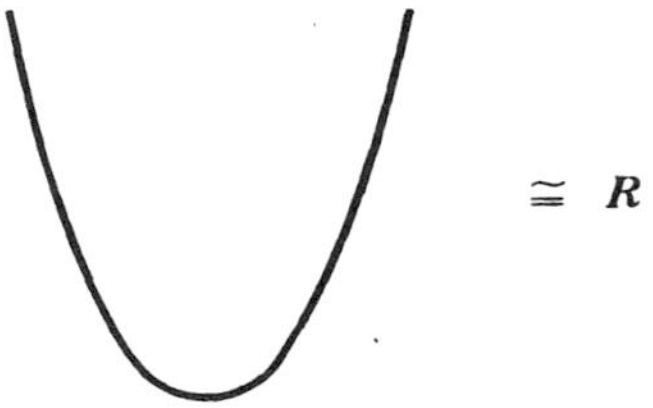

実際，2つの写像

$$f: X\to \boldsymbol{R},\quad f(x,y)=x$$
$$g: \boldsymbol{R}\to X,\quad g(x)=(x,x^2)$$

はともに連続であって，かつ $gf=1,\ fg=1$ をみたしているからである．

例 104　円 $S^1=\{(x,y)\in \boldsymbol{R}^2 \mid x^2+y^2=1\}$ と楕円 $Y=\left\{(x,y)\in \boldsymbol{R}^2 \,\middle|\, \dfrac{x^2}{a^2}+\dfrac{y^2}{b^2}=1\right\}$ は位相同型である：

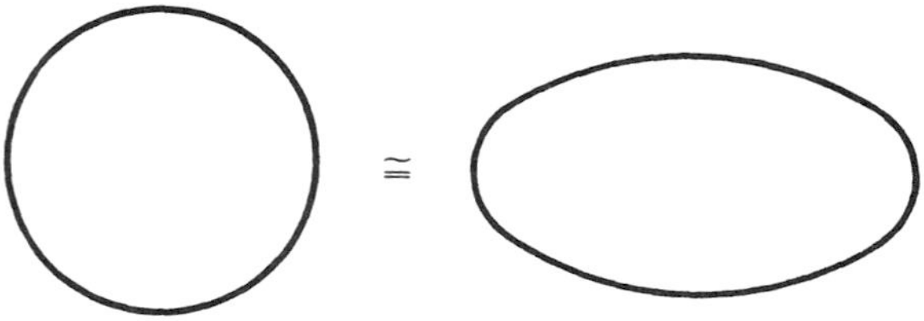

実際，2つの写像

$$f : S^1 \to Y, \quad f(x, y) = (ax, by)$$

$$g : Y \to S^1, \quad g(x, y) = \left(\frac{x}{a}, \frac{y}{b}\right)$$

はともに連続であって，かつ $gf=1$, $fg=1$ をみたすからである．

例 105　「ふち」のない円板 $E^2 = \{(x, y) \in \boldsymbol{R}^2 \mid x^2 + y^2 < 1\}$ と平面 $\boldsymbol{R}^2$ は位相同型である：

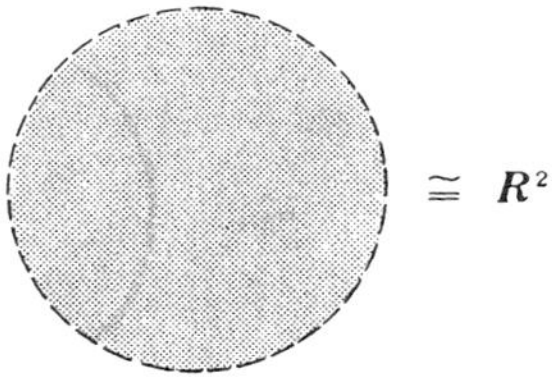

実際，２つの写像

$$f : E^2 \to \boldsymbol{R}^2, \quad f(x, y) = \left(\frac{x}{\sqrt{1-x^2-y^2}}, \frac{y}{\sqrt{1-x^2-y^2}}\right)$$

$$g : \boldsymbol{R}^2 \to E^2, \quad g(x, y) = \left(\frac{x}{\sqrt{1+x^2+y^2}}, \frac{y}{\sqrt{1+x^2+y^2}}\right)$$

はともに連続であって，かつ $gf=1$, $fg=1$ をみたしている（確かめて下さい）からである．

例 106　正方形板 $I^2 = \{(x, y) \in \boldsymbol{R}^2 \mid -1 \leqq x \leqq 1,\ -1 \leqq y \leqq 1\}$ と円板 $V^2 = \{(x, y) \in \boldsymbol{R}^2 \mid x^2 + y^2 \leqq 1\}$ は位相同型である：

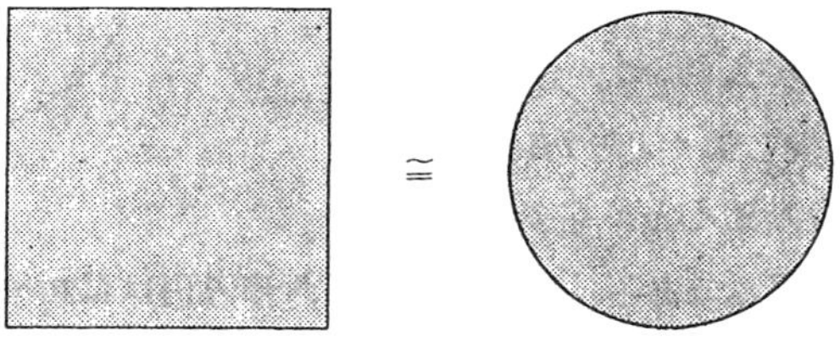

実際，写像 $f : I^2 \to V^2$

$$f(x, y) = \begin{cases} (\lambda x, \lambda y), \ \lambda = \dfrac{\max\{|x|, |y|\}}{\sqrt{x^2+y^2}} & (x, y) \neq (0, 0) \text{ のとき} \\ (0, 0) & (x, y) = (0, 0) \text{ のとき} \end{cases}$$

が位相同型を与えている．（f が全単射であること，f が連続であること（特に原点 $(0,0)$ の所で連続であること）および f の逆写像 g が連続であることを証明しなければならないが，なれない者には簡単であるというわけにはいかないので，すべて省略した）．

例 107　3 角形と円は位相同型である：

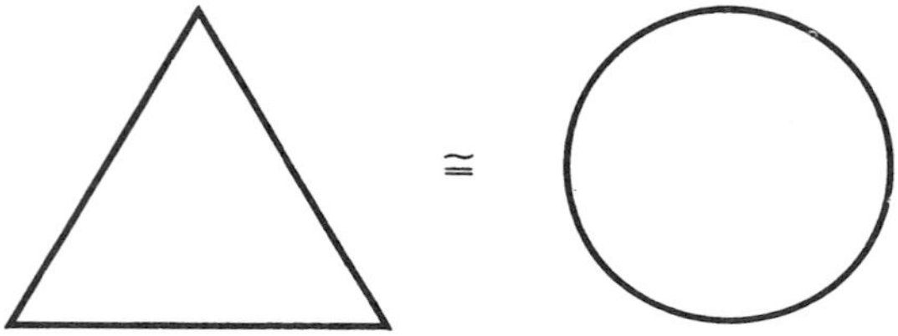

これを証明するには，これまでの例97-106 のように，3 角形も円も式で表示してから位相同型写像 f を具体的に与えるべきであるが（そうすることもそれほど困難でないが），ここではつぎのような図を用いて理解することにしよう（それは厳密でないので証明ではないといわれればそれまでであるが）．

まず円は半径が大きくても小さくてもすべて位相同型であるから，円を 3 角形の外接円にとっておく．さて右図のように円の半径を引いて 3 角形と円を交わる点をそれぞれ x, y とする．このとき x に y を対応させる写像 f は 3 角形から円への全単射であり，かつ f もその逆写像も連続である（x が少し動くとそれにつれて y も少し動き，y が少し動くと x も少し動く）．

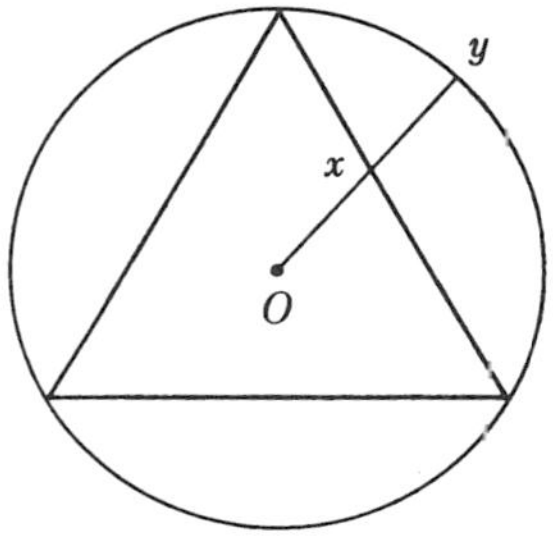

よって f は位相同型写像である．したがって 3 角形と円は位相同型である．

例 108

次頁の図形は線分に位相同型である（例 6）．これを証明するにはどうすればよいだろうか．厳密に証明しようと思えば，この渦巻状に曲った曲線が何ものかをもっと詳しく詮索しなければならないし，できることならばこの曲線を式で表わしたいのである．しかし，たとえ式で表わすことができたとしても，この曲線と線分の間に位相

同型写像を具体的につくるのは容易でないかもしれない．このように直感的に位相同型であることが自明と思われるものであっても，いざ証明しようと思えば意外と難かしいのが常である．

§3　位相同型な図形の補集合

X, Y を図形とし，A, B をそれぞれ X, Y の部分集合とする：$X \supset A$，$Y \supset B$. このとき

$$X \cong Y,\ A \cong B \text{ ならば } X-A \cong Y-B$$

がなりたつであろうか．この答は否定的である．この問よりもっと条件を強めて，$X=Y$ としても

$$A \cong B \text{ ならば } X-A \cong X-B$$

はやはりなりたたない．これをつぎの例でみることにしよう．

例 109　両端点を含まない線分 $(0,1)$ と直線 $\boldsymbol{R}$ は位相同型である（例99）：

$$(0,1) \cong \boldsymbol{R}$$

が，平面 $\boldsymbol{R}^2$ における両者の補集合は位相同型でない（例55）：

$$\boldsymbol{R}^2-(0,1) \not\cong \boldsymbol{R}^2-\boldsymbol{R}$$

$(0,1)$ と $\boldsymbol{R}$ は位相的に同じであってもこのような現象がおこることを，両者の平面 $\boldsymbol{R}^2$ への**埋め込み**方が異なるといっている．

例 110　空間 $\boldsymbol{R}^3$ の 2 つの図形 A, B

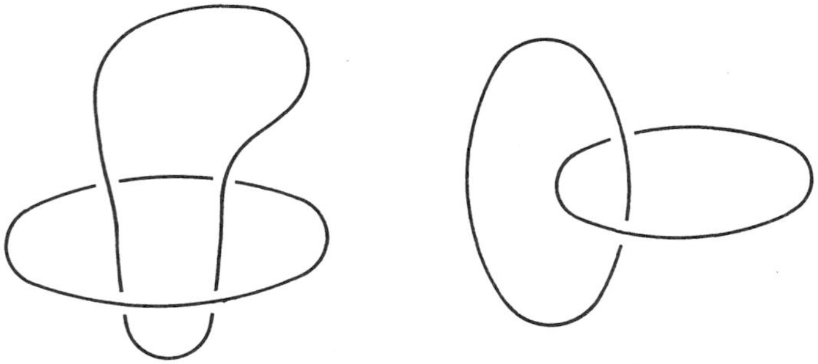

A　　　　B

は位相同型である：$A \cong B$（例 6）．それなのに A の 2 つの輪をひっぱるとはずれ，B の輪はひっぱってもはずれないのは，$\boldsymbol{R}^3 - A$, $\boldsymbol{R}^3 - B$ の位相構造が異なるからである．すなわち A, B の $\boldsymbol{R}^3$ への埋め込み方が違うのである．

もう 1 度初めの問に戻り，どういうときにこの問が正しいかを考えてみよう．

図形 X, Y が位相同型であれば，X と Y の間に位相同型写像

$$f : X \to Y$$

が存在している．いま X の部分集合 A をとり，B を f による A の像とする：$B = f(A)$．このとき制限写像 $f|A$ により A と B は位相同型であり：$A \cong B$，さらに制限写像 $f|(X - A)$ により $X - A$ と $Y - B$ は位相同型である．すなわちこのような $A, B = f(A)$ に対しては

$$X \cong Y,\ A \cong B \text{ ならば } X - A \cong Y - B$$

がなりたっている．このことに注意して例109, 110を振り返ってみよう．

例 111　　　$(0, 1) \cong \boldsymbol{R}$ であるのに $\boldsymbol{R}^2 - (0, 1) \not\cong \boldsymbol{R}^2 - \boldsymbol{R}$

となることは，$(0, 1) \cong \boldsymbol{R}$ の位相同型を与えるどのような位相同型写像 $f' : (0, 1) \to \boldsymbol{R}$ も絶対に位相同型写像 $f : \boldsymbol{R}^2 \to \boldsymbol{R}^2$ に拡張することができない，ということを意味している．例110 でも同様である．

例 112　空間 $\boldsymbol{R}^3$ におけるつぎの 3 つの図形 A, B, C はいずれも位相同型である．しかし A と B の $\boldsymbol{R}^3$ への埋め込み方が違っているので，A はひっぱると結べるが，B

ははずれてしまう．このことは $A \cong B$ の位相同型を与えるどのような位相同型写像

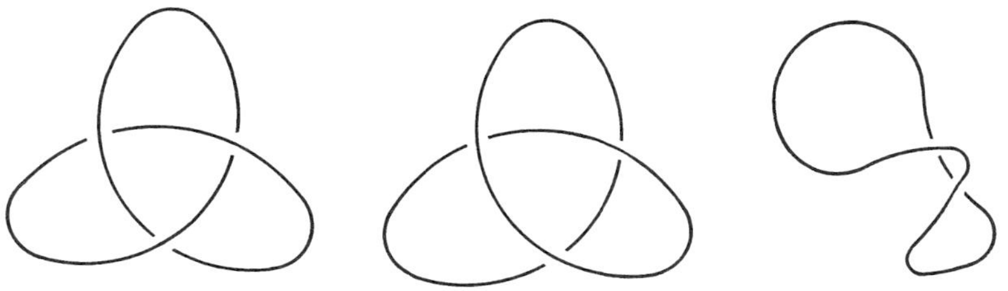

A　　　　B　　　　C

$f: A \to B$ も絶対に位相同型写像 $f: \boldsymbol{R}^3 \to \boldsymbol{R}^3$ に拡張できないことを意味している．しかし B と C の図形に関しては，ある位相同型写像 $f: \boldsymbol{R}^3 \to \boldsymbol{R}^3$ があって $f(B)=C$ となっているのである．

Alexander の角の生えた球面 (31頁) に対してもこれと同じ状態にある．角の生えた球面は普通の球面と同相であるが，これが球面 S^2 と違って奇妙な図形に見えるのは，それらの空間 $\boldsymbol{R}^3$ への埋め込み方が異っているからである．

例 113　直線 $\boldsymbol{R}$ と平面 $\boldsymbol{R}^2$ は位相同型でない：

$$\boldsymbol{R} \not\cong \boldsymbol{R}^2$$

($\boldsymbol{R}, \boldsymbol{R}^2$ はともにコンパクトでなく，またともに弧状連結であるから，これらでは位相的に区別することはできない(例61参照))．これを背理法によって証明しよう．$\boldsymbol{R}$ と $\boldsymbol{R}^2$ が位相同型である：$\boldsymbol{R} \cong \boldsymbol{R}^2$ とすると，両者の間に位相同型写像 $f: \boldsymbol{R} \to \boldsymbol{R}^2$ が存在する．$\boldsymbol{R}$ に1点 a をとり $f(a)=b$ とおくとき，$\boldsymbol{R}, \boldsymbol{R}^2$ からそれぞれ a, b を除いた補集合は位相同型になる：$\boldsymbol{R}-\{a\} \cong \boldsymbol{R}^2-\{b\}$．しかしこれは矛盾である．実際，$\boldsymbol{R}-\{a\}$ は弧状連結でなく（例54），$\boldsymbol{R}^2-\{b\}$ は弧状連結である（例54）からである（定理57(2)）．この矛盾は $\boldsymbol{R} \cong \boldsymbol{R}^2$ としたことから生じたので，これで $\boldsymbol{R} \not\cong \boldsymbol{R}^2$ であることが示された．

これと同じ方法を用いると，直線 $\boldsymbol{R}$ と空間 $\boldsymbol{R}^3$ は位相同型でない：

$$\boldsymbol{R} \not\cong \boldsymbol{R}^3$$

ことも証明される．しかし平面 $\boldsymbol{R}^2$ と空間 $\boldsymbol{R}^3$ が位相同型でないことを証明するにはこの方法（図形から1点を除いてその弧状連結性をみる方法）だけでは不十分である．

なぜなら $\boldsymbol{R}^2-\{a\}$, $\boldsymbol{R}^3-\{b\}$ がともに弧状連結のままであるからである．だから $\boldsymbol{R}^2 \not\cong \boldsymbol{R}^3$ を示すにはもっとほかの考察をする必要がおこる．

第4章　Euler-Poincaré 指標

われわれは２章でコンパクトと弧状連結という重要な位相不変量を知ったが，これだけでは簡単な図形でさえも分類できないことは例62などでみた通りである．本章ではこれらと異なる位相不変量である Euler-Poincaré 指標について述べよう．そのため多面体の説明から始める．

§1　多　面　体

(1)　単　　　体

定義　つぎの図形

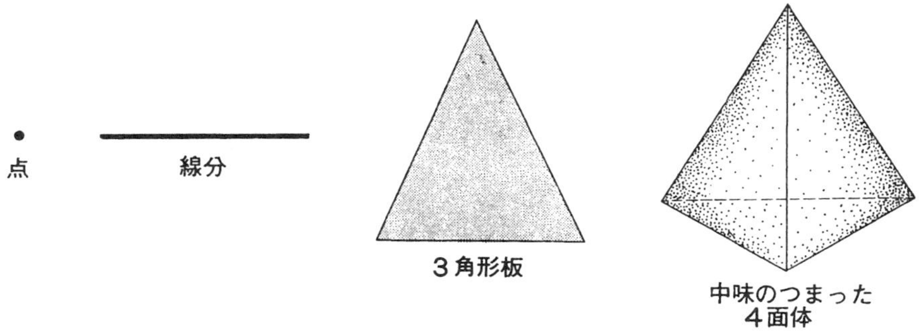

を**単体**という．詳しくはそれぞれ順に **0 次元単体**，**1 次元単体**，**2 次元単体**，**3 次元単体**という．

１次元単体 $\sigma^1=$ 

の両端の２つの点 a, b（これらは０次元単体である）を σ^1 の **0 次元辺**という．

2 次元単体 $\sigma^2=$ 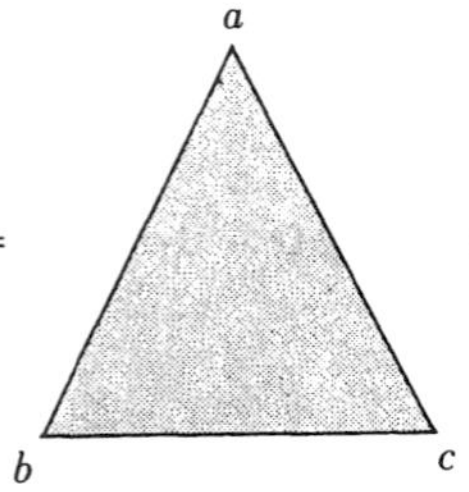

の「ふち」の 3 つの辺(これらは 1 次元単体である) を σ^2 の **1 次元辺**といい， 3 つの頂点 a, b, c を σ^3の **0 次元辺**という． したがって 2 次元単体は (次元を無視するならば) 6 つの辺をもっているわけである．

3 次元単体 σ^3 の表面の 4 つの 3 角形板(これらは 2 次元単体である) を σ の **2 次元辺** という．したがって 3 次元単体は 4 つの 2 次元辺と 6 つの 1 次元辺と 4 つの 0 次元辺をもっている．

本書では， 0 次元単体を**頂点**， 1 次元単体を**稜**， 2 次元単体を**面**ということにする．

(2) 多 面 体

単体がいくつか組み合わせて作られた図形である多面体を定義しよう．

定義 有限個の単体を用いて， それらの辺を接着してつくった図形を**有限多面体**という． さらに辺を接着するのにつぎの条件

> 2 つの単体 σ, τ に共通部分があれば， その共通部分はそれぞれ σ, τ の辺になっている

を要求し，この構成する単体をも考慮にいれた有限多面体を **単体分割された** (または **3 角形分割された**) **有限多面体**という．

例 114 単体は多面体である． 0 次元単体は 1 つの頂点をもつ単体分割された多面体であり， 1 次元単体は 2 つの頂点と 1 つの稜をもつ単体分割された有限多面体であり， 2 次元単体 は 3 つの頂点と 3 つの稜および 1 つの面をもつ有限多面体である．同様に 3 次元単体 も単体分割された有限多面体である．

例 115 次頁の上の図形はいずれも有限多面体であり，さらに単体分割された有限多面体である．

例 116 直線 $\boldsymbol{R}$ は有限多面体でない． 実際，1 次元単体をいくら多く継ぎ合わせても有限個では直線 $\boldsymbol{R}$ 全体にならないからである．

例 117 2 つの線分， すなわち 2 つの 1 次元単体が 下の左図のように十字に交わっ

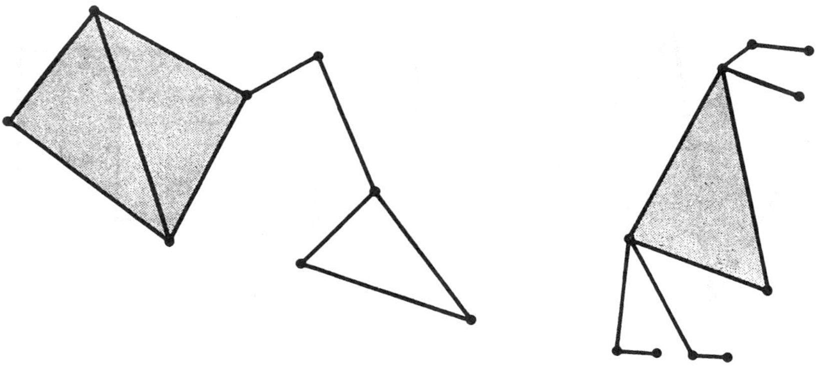

た図形を考えよう．この図形は有限多面体ではあるが単体分割された有限多面体ではない．それは線分の交点がこれらを構成する単体のうちにないからである．しかし図

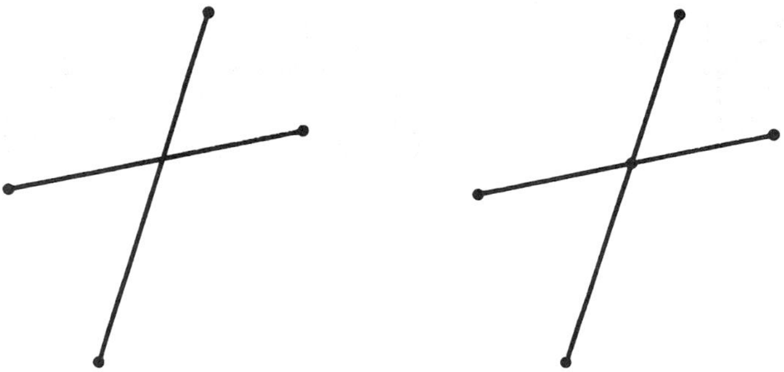

形が同じであっても，上の右図のように，5つの頂点と4つの稜からつくられた図形とみなすと，これは単体分割された有限多面体となる．同様に次頁の上の図形はいずれも有限多面体であるが，単体分割されてはいない．しかし，これを次頁の下図のように分割してやると，単体分割された有限多面体になる．

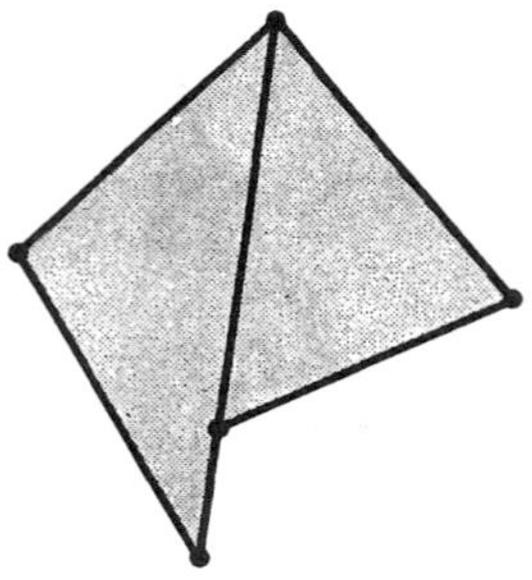

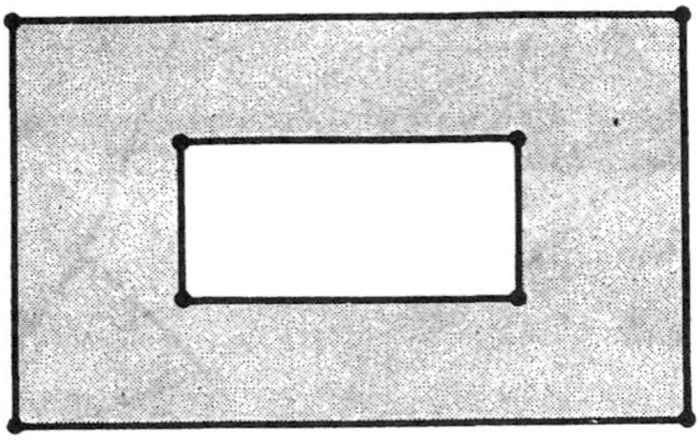

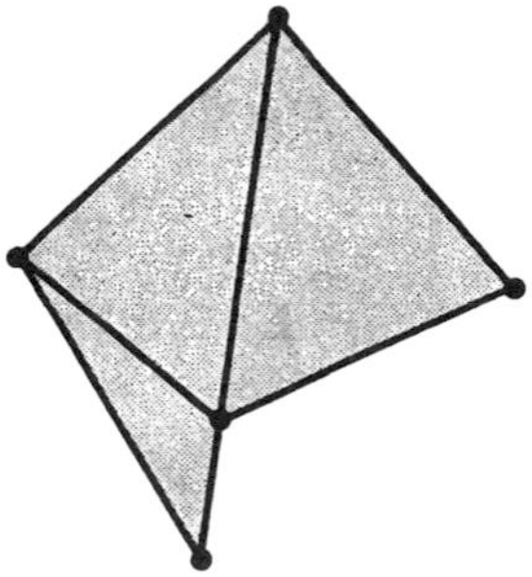

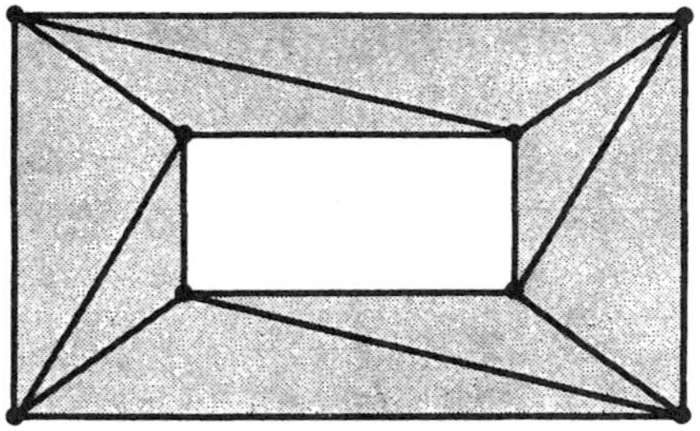

この例117のように，多面体を図形のままにみずに単体分割して考えるのは，次節でその各次元の単体の個数を数える必要がおこるからである．単体の数を数えるとなると単体の数が少ない方がよいので，単体分割よりつぎのような一般の分割も考えると都合がよい．

0次元単体，1次元単体はいままで通りであるが，2次元単体は3角形板に位相同型な多角形板ならば何でもよいとする．たとえば次頁上図はいずれも2次元単体（以下**面**ともいう）である．これらはそれぞれ4, 5, 6個の頂点と，4, 5, 6個の1次元辺をもっている．そして，共通部分が1つの単体であるようにこれらの単体をその辺で

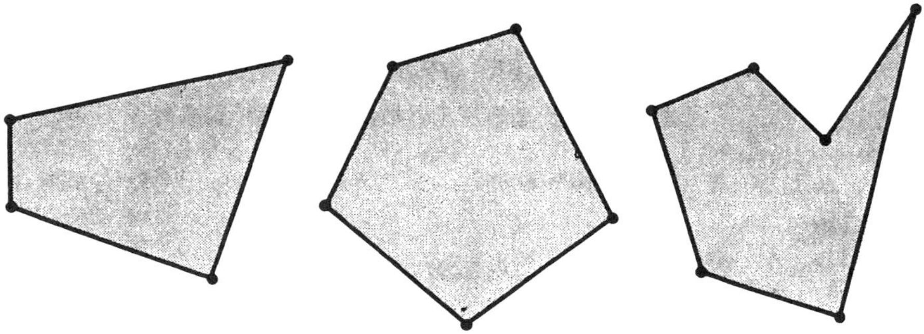

接着した図形は有限多面体であるが，その構成する単体をも考慮にいれるとき，この図形を**多角形分割された有限多面体**という．

例 118　下の図形は，8 個の頂点と12個の稜と 4 つの面をもつ多角形分割された有限多面体である．

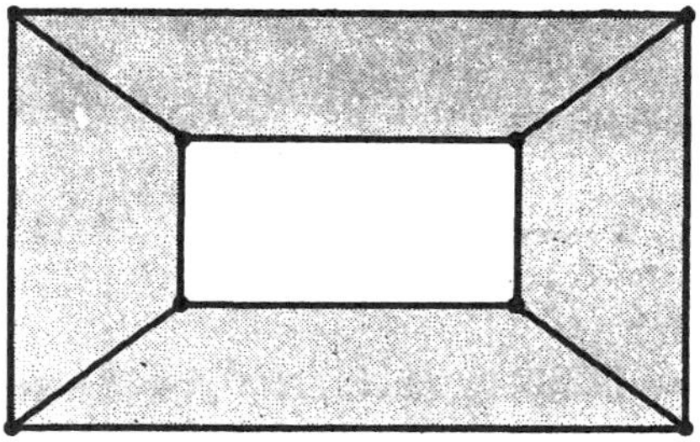

§2　Euler-Poincaré 指標

(1)　Euler 指標

図形に対し Euler 指標とよばれる整数を対応させることを考えよう．

定義　X をユークリッド空間 $\boldsymbol{R}^n(n=1,2,3)$ の部分集合とする．まず，X に位相同型な単体分割または多角形分割された有限多面体Pをとる．そして

$$\chi(X)=(P \text{ の頂点の個数})-(P \text{ の稜の個数})$$
$$+(P \text{ の面の個数})-(P \text{ の 3 次元単体の個数})$$

とおき，$\chi(X)$ を X の **Euler-Poincaré**（オイラー-ポアンカレ）**指標**または略して **Euler 指標**という．

図形Xに対してXに位相同型な有限多面体Pをとるといったが，このような P がつねにつくれるとは限らない．実際，有限多面体Pはコンパクトであるから，コンパクトでない図形 X に対しては，これに位相同型な有限多面体Pは存在しない(定理 58 (1))からである(例 116)．しかし幸いにも，位相幾何学で重要であると思われている図形Xに対してはこれに位相同型な有限多面体 Pがとれる場合が意外と多いのである．なお，以下単に図形Xといえば，つねにこのような Pが存在する図形であると約束しておく．

例 119　1 点・の Euler 指標は 1 である：

$$\chi(\cdot)=1$$

例 120　線分  の Euler 指標は 1 である．実際，

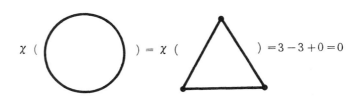

χ( $)=2-1+0=1$

である．

例 121　円 S^1 の Euler 指標は 0 である．これを示すために，円 S^1と位相同型なる単体分割された有限多面体として 3 角形Pをとることにする．するとPの頂点の個数$=3$, Pの稜の個数$=3$，2 次元以上の単体の個数$=0$ であるから

χ (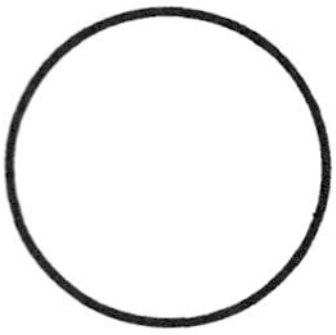) = χ (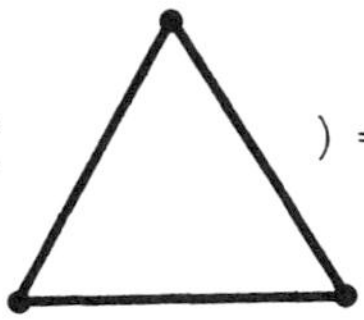) $=3-3+0=0$

となる．この Euler 指標はつぎのようにして計算してもよい．頂点 1 つと稜 1 つは符号が逆で消し合うので，P の図形を順次

のように簡略化して最後に残った頂点または稜の個数を数えるとよい．だから $\chi(S^1)$ $=\chi(P)=\chi(\phi)=0$ と計算することもできる．

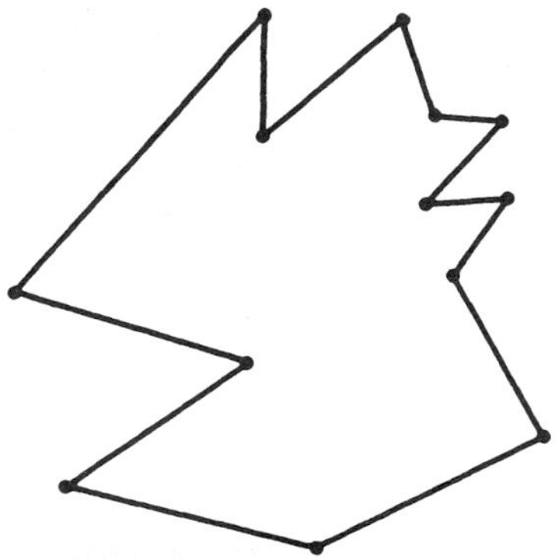

以上のように Euler 指標を定義して計算したが，実は非常に重要なことが欠けていたのである．たとえば例 121 をみていただこう．円に位相同型な単体分割された有限多面体をとるといっても，何も 3 角形に限るわけではなく，ある人は 4 角形や 5 角形をとるかもしれないし，なかには上図のような多角形をとる人もあるだろう．しかしどのような多角形 P をとってきても，それが円と位相同型でありさえすれば頂点の個数と稜の個数が等しいので，つねに $\chi(P)=0$ となるのである．したがって，円の Euler 指標を求めるには，どのような多角形をもってきてもよいことになった．このようなことは一般の図形に対しても正しいのである．すなわちつぎの定理がなりたつ．

定理 122 (**Poincaré-Alexander**) 図形Xの Euler 指標 $\chi(X)$ はXに位相同型な単体または多角形分割された有限多面体Pのとり方によらず一定である.

この定理の証明は簡単でないので，本書では証明することができない．しかし，この定理を証明して初めて Euler 指標の定義に意味が生ずるのである．なお，この定理は Poincaré が予想したが，後になって Alexander（アレキサンダー）がホモロジー群を用いてその証明を完成した

(2) **Euler の定理**

球面 S^2 の Euler 指標は 2 である．この計算は，球面 S^2 に位相同型な単体分割された有限多面体として 4 面体をとり

$\chi($ 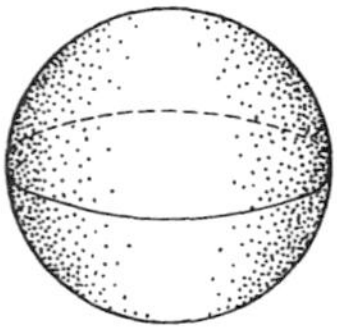 $) = \chi($ 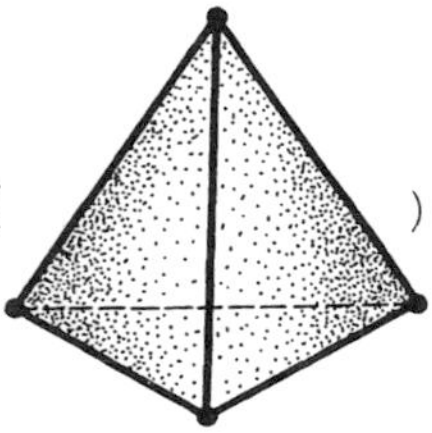 $) = 4-6+4=2$

のようにすればよい．球面に位相同型な有限多面体は 4 面体のほかにつぎにあげるものもある．

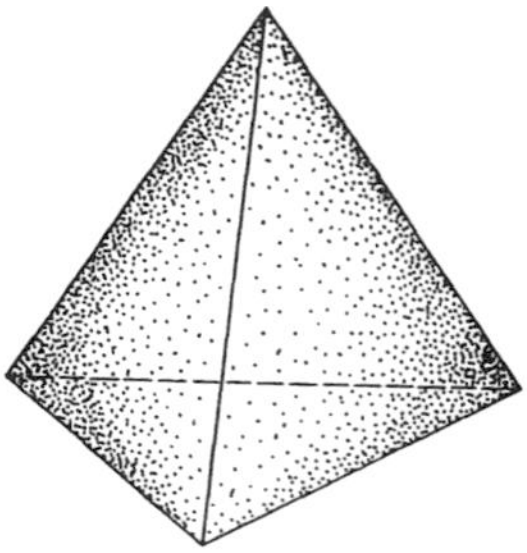

正4面体

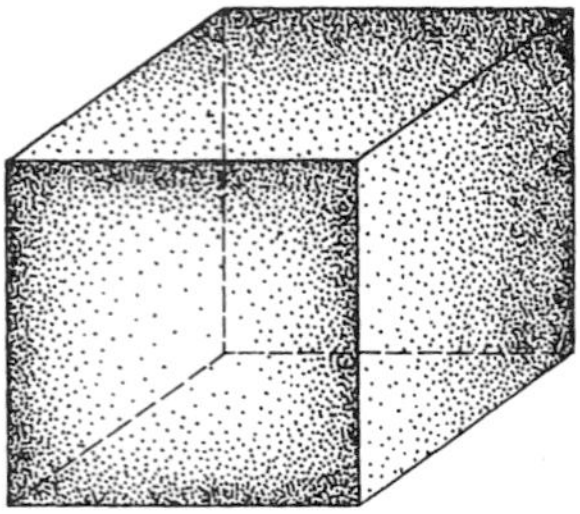

正6面体

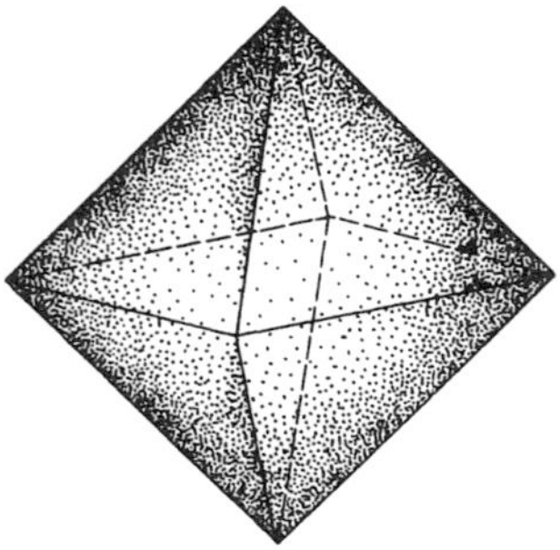

正8面体

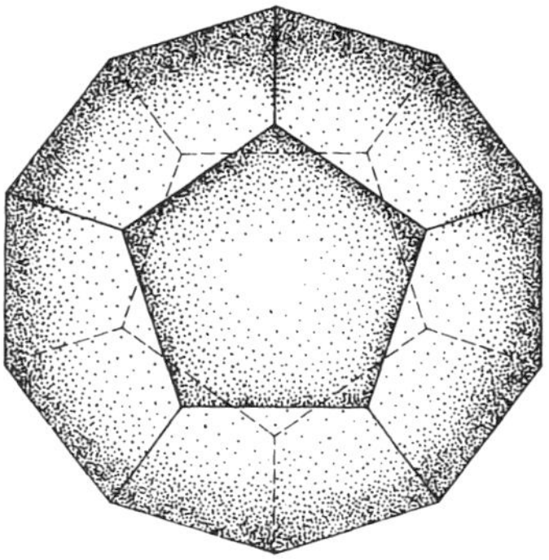

正12面体

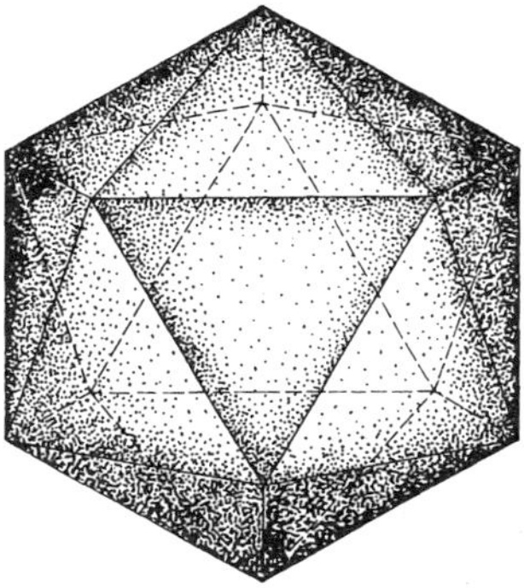

正 20 面体

球面に位相同型な多角形分割された有限多面体としてこれらの正多面体を用いても Euler 指標がつねに 2 となっているのは，下の表から容易にわかるであろう．

	頂点の数	稜の数	面の数
正 4 面体	4	6	4
正 6 面体	8	12	6
正 8 面体	6	12	8
正 12 面体	20	30	12
正 20 面体	12	30	20

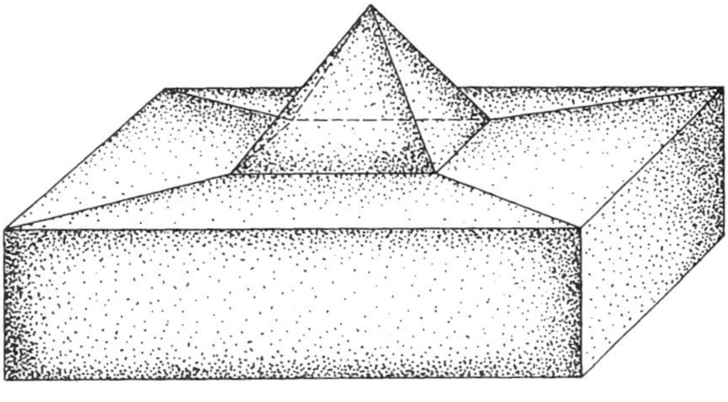

もちろん球面に位相同型な多角形分割された有限多面体はいくらでもあるのであって，たとえば前頁の下のような図形もそうである．（この図形では，頂点の数＝13，稜の数＝24，面の数＝13である）．そしてどのような多角形分割された有限多面体 P をとっても，P が球面 S^2 に位相同型である限りつねにその Euler 指標が2となり一定であることは定理 122 でみた通りである．しかし歴史的には，Eulerが球面 S^2 に対して初めてこの事実を発見し(1752年)，そしてその証明を与えたのである．だから特にこの事実を Euler の定理とよんでいる．

定理 123 （**Euler**） 球面 S^2 に位相同型な多角形分割された有限多面体において，その頂点の個数を v，稜の数を l，面の数を f とすると，つねに

$$v-l+f=2$$

がなりたつ．

Euler の定理の１つの応用としてつぎの命題を証明しておこう．この命題の内容はユークリッド幾何学的であるが，それを証明するのに位相幾何学的な内容の Euler の定理を用いているのが面白い．

命題 124 正多面体は正４面体，正６面体，正８面体，正12面体，正20面体の5つに限る．

証明 正 f 面体の１つで面である正 n 角形の１つの頂点に集まる稜の個数を k とすると，直ぐわかるように

$$頂点の個数=\frac{fn}{k}, \quad 稜の個数=\frac{fn}{2}, \quad 面の個数=f$$

となっている．したがって Euler の定理より

$$\frac{fn}{k}-\frac{fn}{2}+f=2$$

の関係がある．いま $k=3$ ($k\leqq 2$ はあり得ない)とすると，$\frac{fn}{3}-\frac{fn}{2}+f=2$，$-fn+6f=12$ より

$$f(6-n)=12\cdot 1=6\cdot 2=4\cdot 3$$

($f\geqq 3$ に注意)となり，これより

$$f=12,\ n=5;\quad f=6,\ n=4;\quad f=4,\ n=3$$

のいずれかになる．$k=4$ とすると，$\dfrac{fn}{4}-\dfrac{fn}{2}+f=2$，$-fn+4f=8$ より

$$f(4-n)=8\cdot 1$$

となり，これより

$$f=8,\ n=3$$

となる．$k=5$ とすると，$\dfrac{fn}{5}-\dfrac{fn}{2}+f=2$，$-3fn+10f=20$ より

$$f(10-3n)=20\cdot 1$$

となり，これより

$$f=20,\ n=3$$

を得る．最後に $k\geqq 6$ になり得ないことを示そう．$k\geqq 6$ とすると

$$2=\frac{fn}{k}-\frac{fn}{2}+f\leqq\frac{fn}{6}-\frac{fn}{2}+f\leqq\frac{f}{3}(3-n)\leqq 0$$

($n\geqq 3$ に注意)となるから矛盾である．したがって f のとり得る値は $f=4,\ 6,\ 8,\ 12,\ 20$ のいずれかとなる．以上で命題が証明された．

(3) Euler 指標が位相不変量であること

以下，A, B はユークリッド空間 $\boldsymbol{R}^n$ の部分集合であって，しかもそれらの Euler 指標が定義されるものとする．すなわち，A, B には，それぞれそれらに位相同型な単体分割された有限多面体が存在するものとする．

さて Euler 指標の重要性はいろいろある（たとえば曲面の Gauss-Bonnet（ガウス-ボンネ）の定理，曲面上のベクトル場の問題など）が，その重要さの第一はそれが位相不変量であることであろう．すなわちつぎの定理がなりたつ．

定理 125 $\boldsymbol{R}^n$ の 2 つの図形 A, B に対して，A, B が位相同型ならばそれらの Euler 指標は等しい：

$$A\cong B\quad \text{ならば}\quad \chi(A)=\chi(B)$$

この定理の証明（定理 122 と本質的に同じである）も簡単でないので本書では与える

ことはできない．しかしわれわれはこの定理を認めることにして，この定理の対偶を図形の分類に用いるとにしよう．

定理 126 $\boldsymbol{R}^n$ の 2 つの図形 A, B に対して，それらの Euler 指標が異なれば A と B は位相同型でない：

$$\chi(A) \neq \chi(B) \quad \text{ならば} \quad A \not\approx B$$

例 127 円 S^1 と線分 I は位相同型でない：

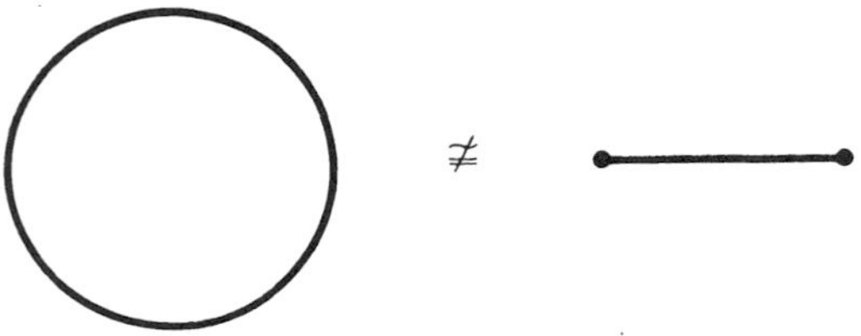

実際，$\chi(S^1)=0$ であり(例121)，一方 $\chi(I)=1$ であって(例120)，両者の Euler 指標が異っている．したがって両者は位相同型になり得ない(定理126)．なおこれは例61の別証明になっている．

例 128 8の字の図形の Euler 指標は -1 である．実際，

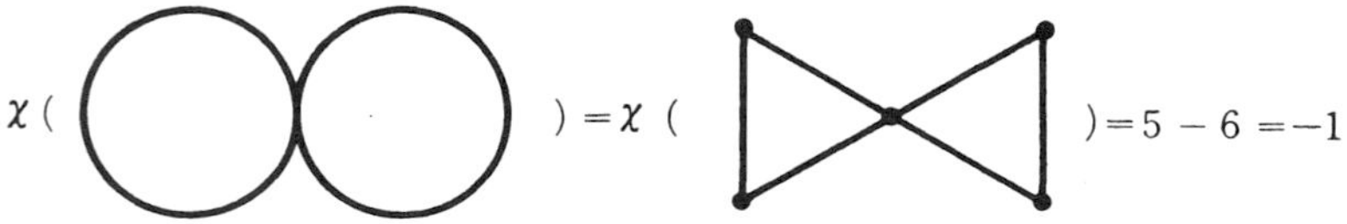

である．また3つの円が1点でくっついた図形の Euler 指標は -2 である．実際，

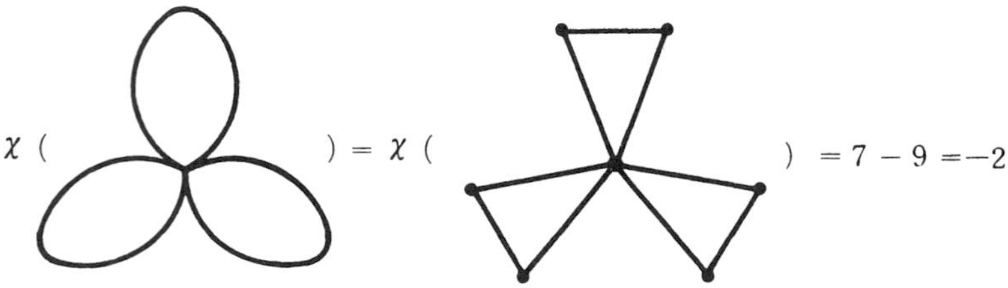

となる．さらに一般に，g 個の円が1点でくっついた図形の Euler 指標は

$\chi($ 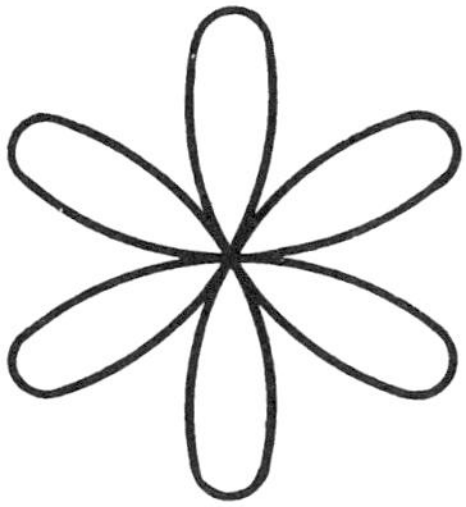 $)=-g+1$

となる．このことから，g 個の円が1点でくっついた図形は，個数 g が異なると，それらの位相も異なることがわかった(定理126)．

この例128から，任意の負の整数はある図形の Euler 指標になり得ることがわかる．また n 個の点からなる図形の Euler 指標は n であるから，任意の正の整数もある図形の Euler 指標になり得る．これらのことと例121をあわせるとつぎの結果を得る．

「いかなる整数もある図形の Euler 指標になり得る」

これをいいかえれば，図形にその Euler 指標を対応させる写像

$$\chi:\{\text{図形}\} \to \boldsymbol{Z}=\{\cdots, -2, -1, 0, 1, 2, 3 \cdots\}$$

は全射であるということができる(χ は単射でない)．

(4) Euler 指標はホモトピー同値不変量であること

前節で Euler 指標が位相不変量であることを知ったが，実はもっと強くホモトピー同値の不変量にもなっているのである．すなわちつぎの定理がなりたつ．

定理 129 $\boldsymbol{R}^n$ の2つの図形，A, B に対して，A, B がホモトピー同値ならばそれらの Euler 指標は等しい：

$$A \simeq B \quad \text{ならば} \quad \chi(A)=\chi(B)$$

この定理の対偶はつぎのようになる．

定理 130 $\boldsymbol{R}^n$ の2つの図形 A, B に対して，それらの Euler 指標が異なれば(A, B は位相同型でない(定理126)どころか)ホモトピー同値でない：

$$\chi(A) \neq \chi(B) \quad \text{ならば} \quad A \not\simeq B$$

例 131　円 S^1 は1点・にホモトピー同値でない：

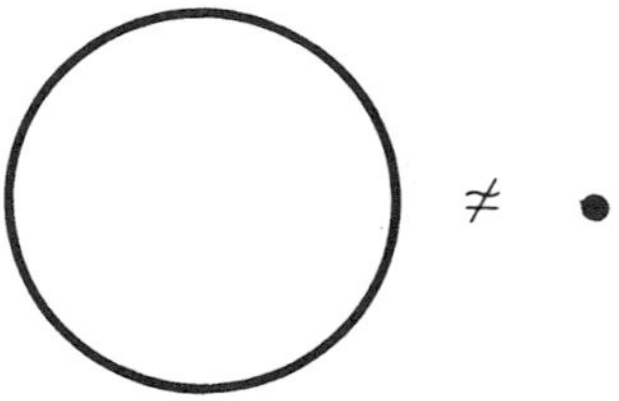

実際，$\chi(S^1)=0$ であり(例121)，一方 $\chi(\cdot)=1$ であって(例119)，両者の Euler 指標が異なっている．したがって両者はホモトピー同値になり得ない(定理130)．

例 132　円，放物線，双曲線は互いにホモトピー同値でない．このうち双曲線が円，放物線のいずれにもホモトピー同値になり得ないことは既に例68で示した．ここで円と放物線がホモトピー同値でないことを背理法によって証明しよう．もし円が放物線とホモトピー同値であるとすると，放物線は1点にホモトピー同値であるから，円が1点にホモトピー同値になってしまう．これは例131よりあり得ない．よって円と放物線はホモトピー同値になり得ない．

(5)　Euler 指標の計算例

Euler 指標を求めようとするとき，定理129を用いるとその計算が容易になることがある．それをつぎの例133-136でみることにしよう．

例 133　円板 V^2 の Euler 指標は1である．実際，

$\chi($ 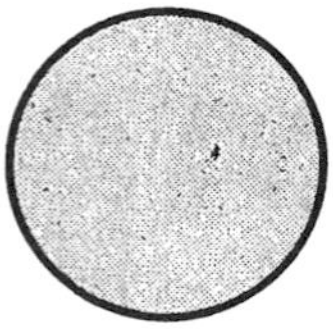 $)=\chi($ 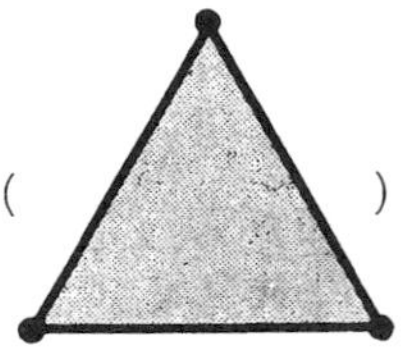 $)=3-3+1=1$

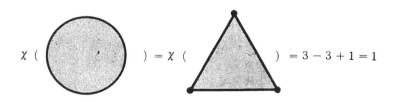

である．これを定理129を用いて計算するとつぎのようになる．円板 V^2 は1点にホモトピー同値である(例16)から

$$\chi(V^2)=\chi(\cdot)\ (定理129)=1\ (例119)$$

である.

例 134 中味のつまった球 V^3 の Euler 指標は 1 である. 実際, 中味のつまった球 V^3 は中味のつまった 4 面体, すなわち 3 次元単体に位相同型であるから

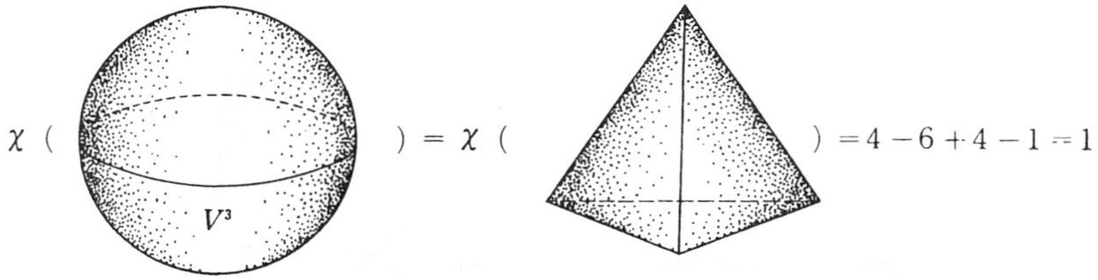

$$\chi(\quad)=\chi(\quad)=4-6+4-1=1$$

である. これを定理 129 を用いて計算するとつぎのようになる. 中味のつまった球 V^3 は 1 点にホモトピー同値である (例16) から

$$\chi(V^3)=\chi(\cdot)\ (定理129)=1\ (例119)$$

である.

例 135 Möbius の帯 M の Euler 指標は 0 である. 実際, Möbius の帯を下図のように 3 角形分割して考えると, 頂点の個数 $=3$, 稜の個数 $=6$, 面の個数 $=3$ であるから

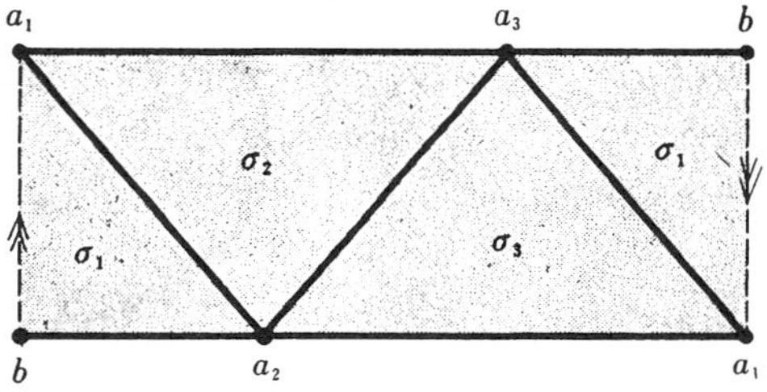

$$\chi(M)=3-6+3=0$$

である. これを定理129を用いて計算するとつぎのようになる. Möbius の帯 M は円

S^1 にホモトピー同値である(例19)から

$$\chi(M)=\chi(S^1)\ (\text{定理}129)=0\ (\text{例}121)$$

である.

例 136　トーラス T の Euler 指標は 0 である. 実際, トーラスに位相同型な多角形分割された有限多面体として次頁の図をとると, 頂点の個数=16, 稜の個数=32, 面の個数=16 であるから

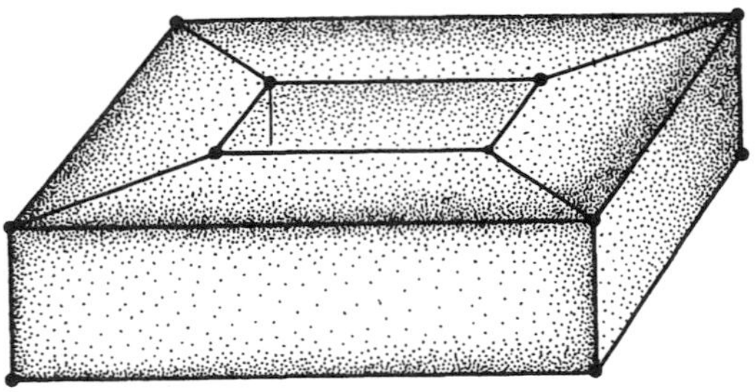

$$\chi(T)=16-32+16=0$$

である. これを定理129を用いてつぎのように計算してみよう. まずトーラスに切り口を入れて下の左図のような図形Aを考えると, それは円 S^1 にホモトピー同値になる(例19):

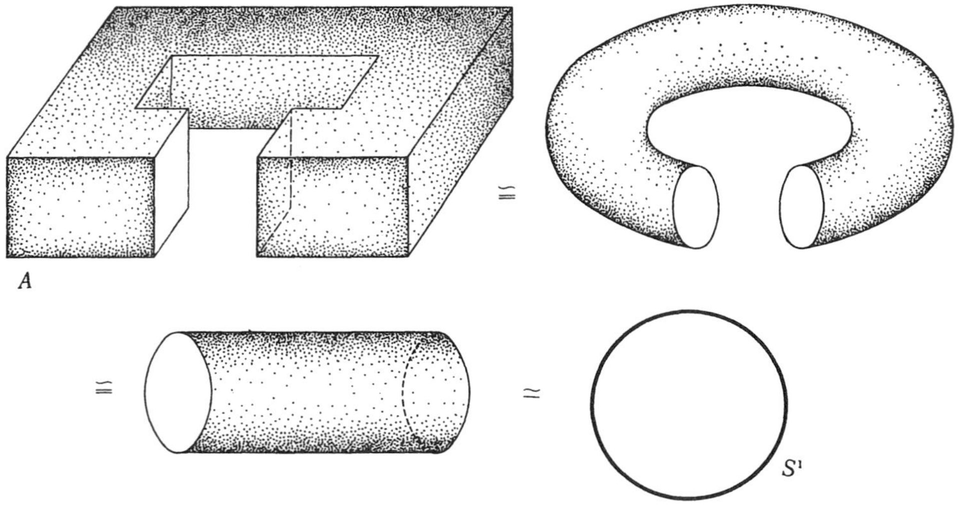

円 S^1 の Euler 指標は0である(例121)から，これにホモトピー同型であるAの Euler 指標も0である：$\chi(A)=0$（定理129）．トーラスTは図形 A の2つの切り口をくっつけると得られるが，くっつけるとき，Aのそれよりも頂点の数が4つ減り，稜の数も4つ減る．さて Euler 指標を計算するときには，頂点の個数と稜の個数の符号が逆になっているので互いに消し合うことになって

$$\chi(T)=\chi(A)=\chi(S^1)=0$$

となる．

球面 S^2 の Euler 指標は2であり(定理123)，いまみたようにトーラス T の Euler 指標は0であった．したがって球面とトーラスは位相同型でない(定理126)（さらにホモトピー同値でもない（定理130））．

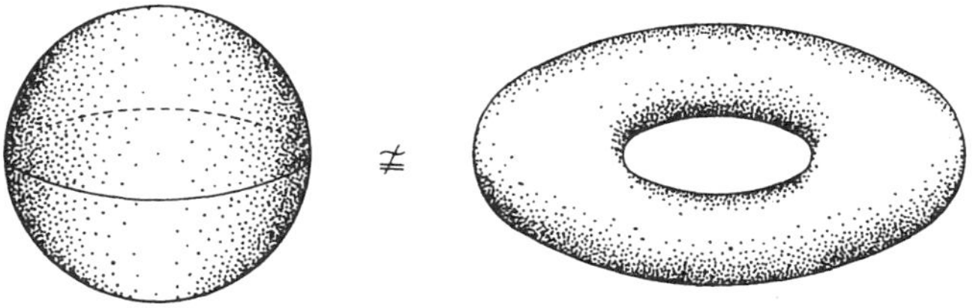

例 137　2人乗りの浮袋の表面の Euler 指標は -2 である．実際，

$\chi($ 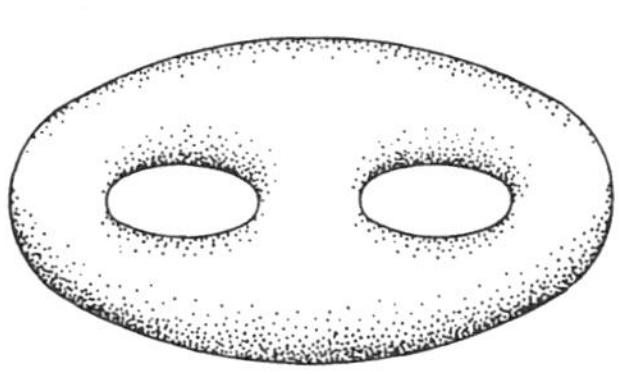 $)=\chi($ 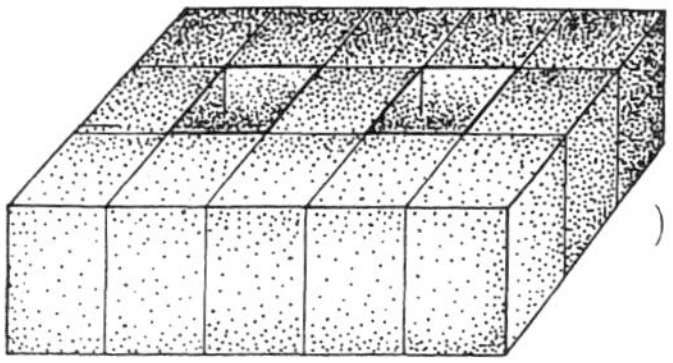 $)=-2$

である．同様にg人乗りの浮袋の表面の Euler 指標は

$\chi($ 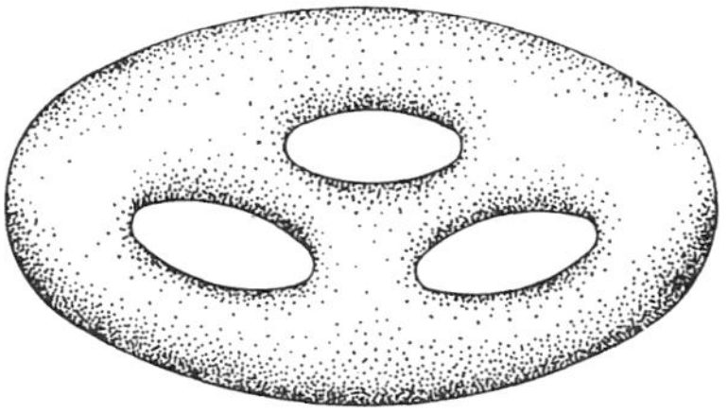 $)=-2(g-1)$

となる．これを計算するには，豆腐に縦横の切り目をいれて，そのうちから(周辺部はそのままにして)互いに接しない g 個のさいの目を取り除いた図形を考えるとよい．なお別の方法でも計算できるが，それは後で示す．

このように g 人乗りの浮袋の表面は，g が異なるとその Euler 指標が異なるので，互いに位相同型でない図形である(定理 126)．

§3　位相不変量の種類

われわれは今迄にコンパクト，弧状連結，Euler 指標の 3 つの位相不変量を知った．しかし前の 2 つのコンパクト，弧状連結と後者の Euler 指標との間には本質的に大きい差があるのである．これからこのことについて説明しよう．図形がコンパクトであるとか弧状連結であるとかいうことは，図形的な性質であり，幾何学的な性質である．だから図形をコンパクトや弧状連結に着目して分類することは，幾何学図形を分類するのに幾何学的性質を用いたということになる．これに反して Euler 指標はどうであろうか．Euler 指標は整数であることに注目しよう．すなわち Euler 指標は図形に整数という代数的な量を対応させる写像

$$\chi : \{\text{図形}\} \to \boldsymbol{Z} = \{\cdots, -2, -1, 0, 1, 2, 3, \cdots\}$$

である．だから Euler 指標を用いて図形を分類することは，幾何学図形を分類するのに代数的な道具を用いたということになる．このことはコンパクトや弧状連結性を用いて図形を分類しようとする考え方と根本的に異っていることを再確認していただこう．Euler 指標は幾何学的分野と代数的分野の橋わたしをしているのである．Euler は多面体の頂点の数や稜，面の数を計算して Euler の定理を発見したのだが，彼自身 Euler 指標がこのような働きをすると思っていただろうか．しかしえてして天才が考えることは，それが一見単純な結果のようにみえても数学の本質をついていることが多いものである．

上述のように，図形を分類するのに代数的な道具を用いて行おうとする位相幾何学をわれわれは代数的位相幾何学とよんでいる．この代数的位相幾何学は大天才 Poincaré によって創設され，多くのすぐれた位相幾何学者の手に受け継がれて20世紀位相幾何学の主流をなしたものである．(現在は微分位相幾何学の台頭もめざましいが)．図形を位相的に分類する代数的な道具として「群」を用いることが多く

基本群，ホモトピー群，ホモロジー群，K-群

など高度の理論が打ち立てられて現在に至っている．しかしながらこれらの高度な武器を用いても，あらゆる図形を完全に分類することはできない．もし完全に分類できるような代数的な道具が完成され，それが自由に計算できるものとすると，その時が位相幾何学が完成された時であり，われわれ代数的位相幾何学者が一斉に失業する時であろう．しかし，このような時は永久に来そうもなく，むしろ幾何学図形を代数的な道具だけで完全に分類しようとすることに無理があるようである．

われわれは平面ユークリッド幾何学でつぎの定理を知っている．

定理　(1)　2つの図形が合同であれば，その図形の面積は等しい．

(2)　2つの3角形が合同であるための必要十分条件は，相対応する3辺の長さが等しいことである：

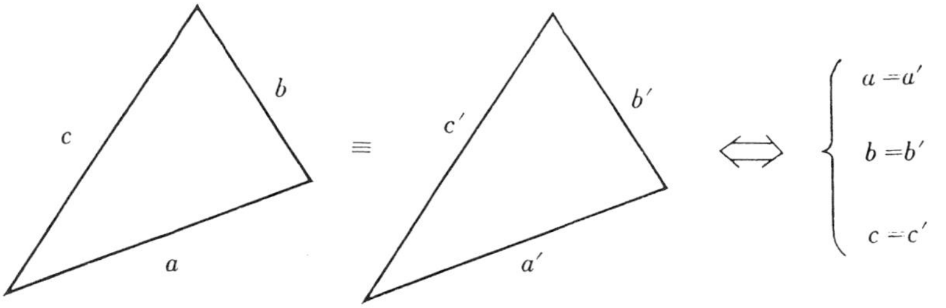

上に述べたことを考えにいれて，この定理の意味を振り返ってみよう．まず定理の(1)は

図形の面積は合同不変量である

ことを意味している．したがって，2つの図形 A, B の面積が異なれば，A と B は合同でない：$A \not\equiv B$ と結論できるわけである．しかし，面積が等しくても図形は合同であるとは限らない．すなわち，図形にその面積を対応させる写像

$$S : \{\text{図形}\} \to \boldsymbol{R}$$

は(全射であるが)単射でない．(このあたりの状態は Euler 指標に似ている)．つぎに定理の(2)の意味を考えよう． 2つの3角形が合同であるというのは幾何学的性質である．その幾何学的な性質を，「面積」や「長さ」という代数的な量で計ろうとするのがこの定理である．そしてすばらしいことに，合同という幾何学的性質が「長さ」

という代数的量に必要十分に焼き直っていることを，定理の(2)が示しているのである．このように，幾何学性質が完全に代数的性質で計れるという意味で，ユークリッド幾何学は，3角形の合同の問題に関する限り，完成したということができる．しかし勝手な図形が合同であるかどうかを長さや面積等で判定することはできない．2つの図形の合同性を測る必要十分な代数的な道具が見付けられていないという意味で，ユークリッド幾何学は未完成の幾何学である．位相幾何学も全く同じ状態にあって，2次曲面などある種の図形については，代数的な手法による分類が完成されているが，勝手な図形を代数的な量で位相的に分類することはできていない．（ほとんどの場合，必要性だけで十分性がなりたたない）．このように位相幾何学は未知の分野を多くかかえているからこそ興味深い学問なのであり，多くの数学者が研究の対象としているのである．

第5章　図形の構成

ある図形を与えられてその図形を調べよといわれれば，われわれはどのようなことをするであろうか．もちろん，図形のどのような性質を調べるかによってその方法も異なるであろうが，図形そのままの姿を眺めていたのでは能がないので，考え易いようにいろいろと図形を変形するであろう．しかし，変形するといっても，変形してより複雑なわけもわからないものにしてしまっては何にもならないのであって，変形は簡素化につながらなくてはいけないのである．以下，図形の調べ方について，円 $S^1 = \{(x, y) \in \boldsymbol{R}^2 \mid x^2 + y^2 = 1\}$ を例にとって説明してみよう．

(0)　丸い形の円は，それ自身が最も単純で素朴な姿をした図形であるから，何も変形しないでそのまま調べるのも確かに1つの有力な方法である．

(1)　円の変形として素直に考えられるのは，円を3つの線分の集まりである3角形に変形することであろう：

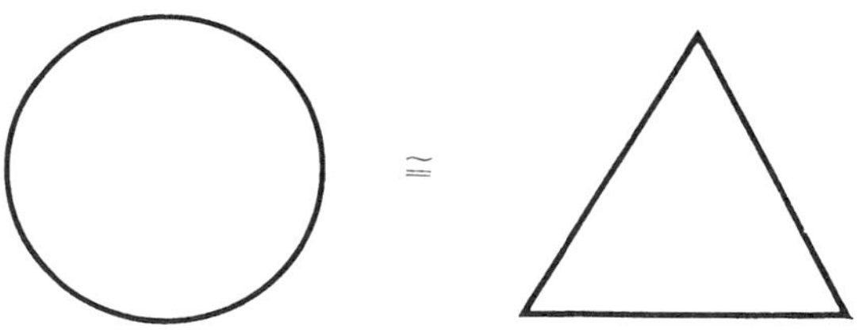

これは位相同型の範囲内の変形である(例107)から，円自身の位相的性質をみるには(たとえばEuler 指標の計算(例121)など)都合がよい．円をなぜ3角形に変形するのかという考えの根本には，曲った図形である円よりも(線分が3つもあることは我慢するにしても)直線的な図形である3角形の方がわかり易かろうという考えがあるからである．図形を調べるのに，その図形と位相同型な多面体(これは単体とよばれる単

純なわかりよい図形の集まりであった)に変形して調べようとするのは，歴史的にも非常に古くて，単体的複体やホモロジー論など Poincaré の発想の根源になっており，さらに PL 位相幾何学の基礎にもなっている．PL 位相幾何学とは，多面体の範囲内のみで図形を調べようとする位相幾何学であって，代数位相幾何学，微分位相幾何学と並んで位相幾何学の１つの分野を占めている．

(2) 円を紐でできた１つの輪であるとみなして，これを鋏で切ってみることにしよう．円に鋏をいれて引き伸ばすと１本の線分になってしまうが，円と線分とでは位相

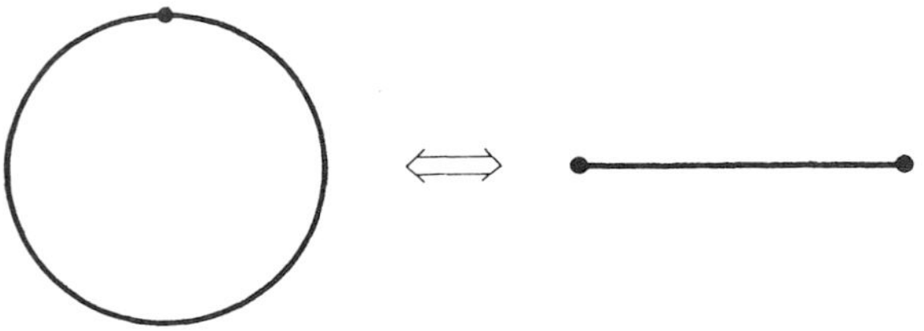

が異なっている(例61)ので，位相の違った図形に変形したのでは円を調べるのには何の役にも立たないというかもしれないが，実は必ずしもそうでないのである．それは，円と線分の相異がほんの小部分(円の１点と線分の両端の２点)であって，残りの大部分はよく似ているからである．だから，少々の相違点には目をふさいでも，曲った図形である円よりは，たとえ全体の位相は違ってもよいから考え易い線分に帰着して考えようとしているのである．すなわちよく性質のわかった線分の両端をくっつけた図形として円をみるのである．これは位相幾何学ではよく用いられる方法であって，既に性質のわかった図形の１部分 A を１点に縮めて新しい図形 X/A をつくるという方法である．

(3) 円 S^1 から１点 e^0 を除いてみよう．すると，補集合 S^1-e^0 は両端点を含まない線分 e^1 に位相同型になる：

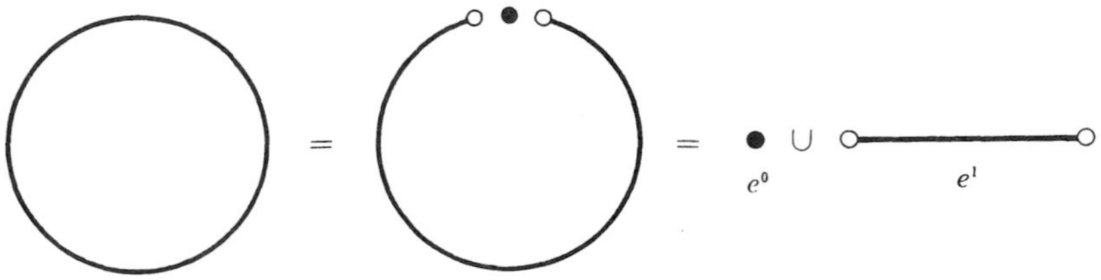

このように円 S^1 を分割して，1点 e^0 と両端点を含まない線分 e^1 の和集合に分ける：

$$S^1=e^0\cup e^1$$

のである．図形を調べるのに，なるべく簡単な図形に帰着して考えるという点では，これは(1)の考えに似ているが，方法が少し異なっている．(1)では基本となる図形として単体(1点，線分，3角形板)を用いたが，ここでは基本図形として

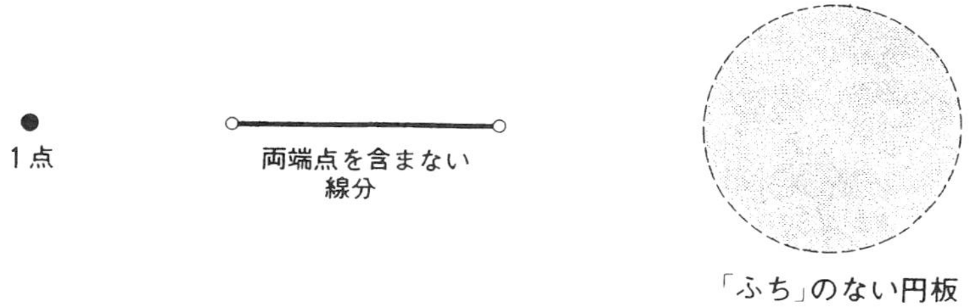

を用いている．(これらの図形を順に**0次元胞体**，**1次元胞体**，**2次元胞体**という)．そして，図形をこれらの胞体のいくつかの和集合に(共通部分がないように)分割しようとするのである．この方法は，位相幾何学では図形を *CW* 複体に分割するといって，Whitehead (ホワイトヘッド)の創始以来，位相幾何学の重要な考え方になっている．このことを逆にいえば，1点 e^0，両端点を含まない線分 e^1，「ふち」のない円板 e^2をそ

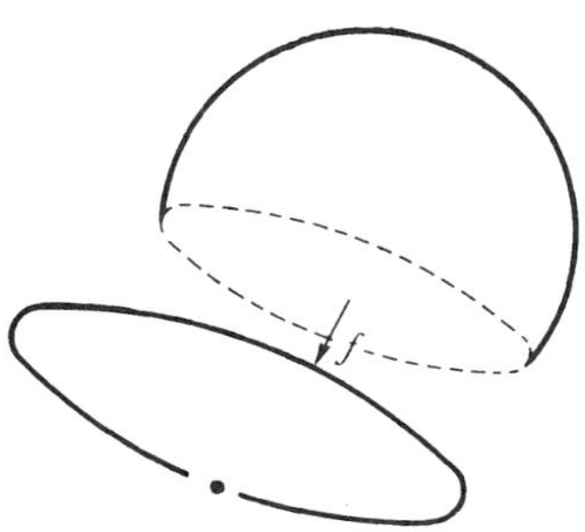

の「ふち」をくっつけていろいろな図形を構成しようとするのが *CW* 複体の考え方である．だから，そのときに重要になるのがそのくっつけ方，すなわちくっつける写

像の研究が必要となる．そして，これがホモトピー論，ホモロジー論に結びつくのである．

(4) 円 S^1 から1点 a を除いた補集合 $U=S^1-\{a\}$ を考えると，これは両端点を含まない線分になるから，U は直線 $\boldsymbol{R}$ の開集合に位相同型である(例38)．（ここまでは(3)と同じであるがこれからが違う)．つぎにまた S^1 から（a と異なる）1点 b を除いた補集合 $V=S^1-\{b\}$ を考えると，V も $\boldsymbol{R}$ の開集合に位相同型になっている．そして円 S^1 をこれらの $\boldsymbol{R}$ の開集合 U, V の和集合とみなすのである：

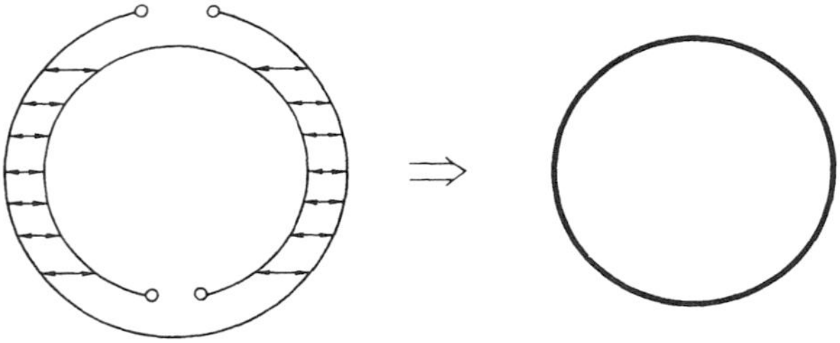

$S^1=U\cup V$

このとき U と V には共通部分があるが，大切なことは U, V が $\boldsymbol{R}$ の開集合に位相同型であって，簡単な図形であるということである．逆の見方をすれば，U, V という単純な図形をくっつけて新しい図形を作っているのである．((3)との相異は，(3)は胞体の次元が違ってもよいから共通部分がないように分けることであり，(4) は共通部分があってもよいが胞体の次元が一定でなければならない)．図形をこのように，$\boldsymbol{R}^n$ の開集合 $U, V, \cdots$ をいくらか用いて，これらを適当に糊づけして構成されたものとして調べる方法を多様体論とよんでいる．このとき糊づけする仕方を変えると図形も微妙に変っていき，滑らかに糊づけすると滑らかな可微分多様体が生ずる．この可微分多様体の位相構造や微分構造を調べるのが微分位相幾何学である．

(5) 円という図形は曲っているので，これを考え易い直線的なものにとりかえて調べたい(このことは(1)(2)などで再三述べたことである)．そこで円に接線を引いてみることにする．曲線を調べるのには接線を引くのがよかろうと考えた数学者に，Newton (ニュートン)，Leibniz (ライプニッツ) やそれ以前にも Pascal (パスカル) 等があり，もっとさかのぼれば有史以前に戻るかもしれない．曲線と接線の関係において

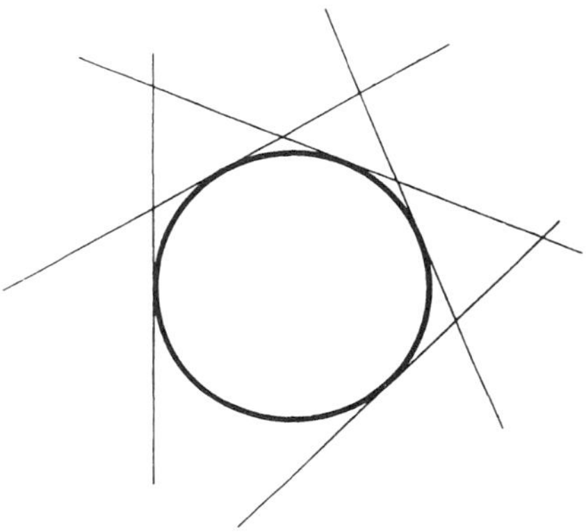

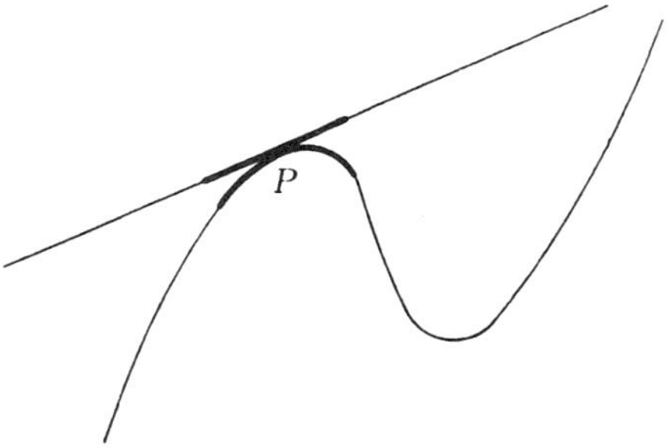

大切なことは，接点Pの近くでは曲線と接線の様子が非常によく似ているということである．だから，曲線の点Pの近くの状態を調べるには点Pの近くの接線の状態を調べればよいわけで，このことは微分積分学でよく用いられる方法である．しかし，点Pの近くの状態を調べるにはこれでよいかもしれないが，曲線全体の状態を調べようとするにはこれでは不十分なので，いっそのこと，曲線上の各点に接線を引いて，これら接線全体の構造を調べたらどうかということになる．点Pが曲線上を動いていくと接線の傾きも刻々変化していくが，その変化する具合を調べるのが写像度であり，Gauss（ガウス）写像である．またこのような考えをするのなら，予め空間$\boldsymbol{R}^n$における（原点を通る）直線全体の構造を調べておくのが便利がよかろうというわけで考え出された図形が射影空間であり，Grassmann（グラースマン）多様体であり，さらに，それは多様体の特性類の研究へと発展するのである．

(6)（この考え方は(5)と共通点があるかもしれない）．(5)において，円という図形を調べるのに円の各点において接線を引いた．すなわち円の各点に1本ずつ直線をくっつけたのである．そして円の性質を調べるのに接線全体のつくる図形を調べようとしたのである．たとえば「ふち」のない円柱側面や「ふち」のない Möbius の帯はいずれも円の各点に1本ずつ直線をくっつけた図形である．次頁の図のように図形の性質を調べるために，図形の各点に1本ずつ直線$\boldsymbol{R}$（または平面$\boldsymbol{R}^2$，空間$\boldsymbol{R}^3$）をくっつけた図形を考え，そしてこのような図形がいくつできるか，またそれらの図形相互にどのような関係があるかを調べようとするのが，Grothendieck（グロタンデック）等

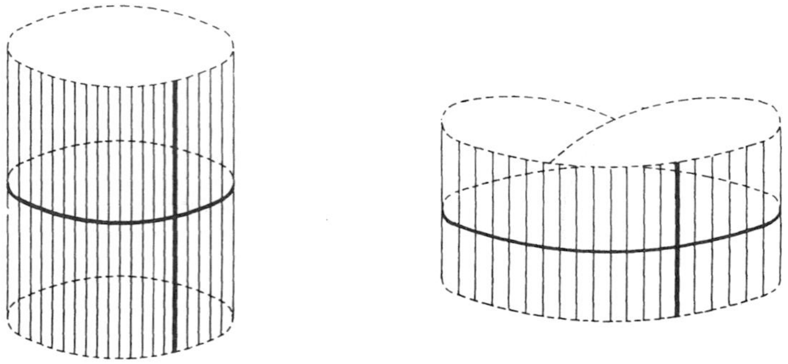

によって近年創始されたK理論である．このK理論はホモロジー論，ホモトピー論と並んで位相幾何学における主要な研究材料を提供している．

(7) 直線 $\boldsymbol{R}$ を右図のように螺線状にして，上から押しつぶすと円になる．すなわち，直線 $\boldsymbol{R}$ をぐるぐる円に巻きつけた状態を考えるのである．この考え方の根本は，円を調べるのに円自身だけをみるのではなくて，よく性質のわかった直線 $\boldsymbol{R}$ も組にして調べようとしていることにある．これをまたつぎのような見方もできるであろう．$\boldsymbol{R}$ を押しつぶすとき，右図の黒丸の点はいずれも円の1点に移るので，この逆の見方をすれば，円の各点に可算無限個の点をくっつければ直線になるだろうというわけである．図形の各点に何かをくっつけて考えるという意味で，この考えは(6)と非常に似ている．ともあれこの考え方は，ファイバー束，ファイバー空間の理論として体系づけられ，Eckmann（エックマン），Steenrod（スティンロード）等に始まり，特に戦後位相幾何学の発展に大きい役割を果したのである．

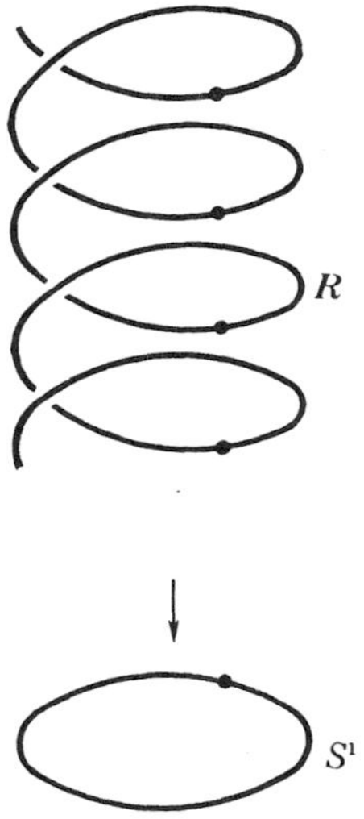

以上，図形の調べ方のほんの一端を述べたが，そこには一貫した数学思想が流れている．ここでいう数学思想とは，（いままで何度もいってきたこと

であるが)，複雑なものを調べるには既によく性質のわかった簡単なものに帰着して調べるということである．わからない未知のものを調べるのに，わけのわからないものを尺度に用いても何にもならない．このことの逆もまた真であって，分解と構成はつねに表裏の関係にある．だから，既に性質のわかったものを基にして，複雑なものを構成するという技術も大切になる．われわれが，位相幾何学で基本図形としてよく用いるのが単体であり，胞体である(円や球面も基本図形かもしれない)．そして，これらの図形をもとにして構成した図形が多面体，CW 複体であったり，多様体であったりするわけである．

さてこれから，いくつかの図形から新しい図形の構成法について説明するのであるが，ここではそのうちの極く基本的なものについてだけ述べることにしよう．

なおここで再び，以下でよく用いる記号をまとめておく．

$\boldsymbol{R}=$ 直線
$I=$ 線分 $=[0, 1]$
$S^0=$ 2点からなる集合 $=\{-1, 1\}$
$S^1=$ 円 $=\{(x, y)\in\boldsymbol{R}^2 \mid x^2+y^2=1\}$

§1 直積集合

(1) 直積図形

定義 X, Y を集合とする．X の点 x と Y の点 y との対 (x, y) を考え，この対 (x, y) 全体の集合

$$X\times Y=\{(x, y)\mid x\in X,\ y\in Y\}$$

を X と Y の**直積集合**という．

例 138 2つの直線 $\boldsymbol{R}$ の直積集合 $\boldsymbol{R}\times\boldsymbol{R}$ は，点 (x, y)，$x, y\in\boldsymbol{R}$ 全体の集合のことであるから，平面 $\boldsymbol{R}^2$ のことにほかならない：

$$\boldsymbol{R}\times\boldsymbol{R}=\boldsymbol{R}^2$$

同様に，平面 $\boldsymbol{R}^2$ と直線 $\boldsymbol{R}$ の直積集合 $\boldsymbol{R}^2\times\boldsymbol{R}$ は空間 $\boldsymbol{R}^3$ のことであり，また，直線 $\boldsymbol{R}$ と平面 $\boldsymbol{R}^2$ の直積集合 $\boldsymbol{R}\times\boldsymbol{R}^2$ も空間 $\boldsymbol{R}^3$ のことである：

$$\boldsymbol{R}^2\times\boldsymbol{R}=\boldsymbol{R}^3=\boldsymbol{R}\times\boldsymbol{R}^2$$

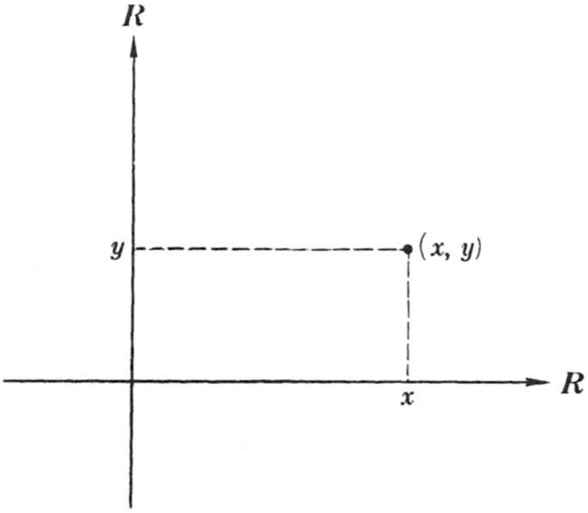

X, Y をそれぞれユークリッド空間 $\boldsymbol{R}^n, \boldsymbol{R}^m$ の部分集合とする：$X \subset \boldsymbol{R}^n$, $Y \subset \boldsymbol{R}^m$.
このとき直積集合 $X \times Y$ は直積集合 $\boldsymbol{R}^n \times \boldsymbol{R}^m$ の部分集合になる：

$$X \times Y \subset \boldsymbol{R}^n \times \boldsymbol{R}^m = \boldsymbol{R}^{n+m}$$

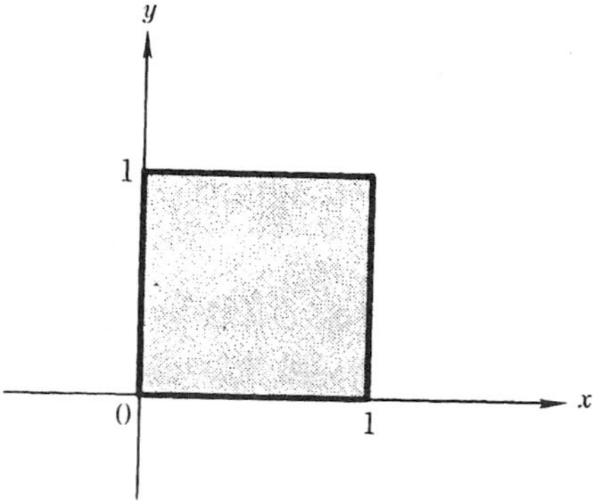

したがって，$X \times Y$ には $\boldsymbol{R}^{n+m}$ の部分集合としての位相がはいっている．すなわち，X, Y が図形であるときには $X \times Y$ も図形である．このように直積集合 $X \times Y$ に位相をいれて考えるとき，本書では $X \times Y$ を**直積図形**ということにする．

例 139　2 つの線分 I の直積図形 $I \times I$ は上図のような正方形板である．

例 140　直線 $\boldsymbol{R}$ と線分 I の直積図形 $\boldsymbol{R}\times I$ は下図のような無限にのびた帯状の図形である．

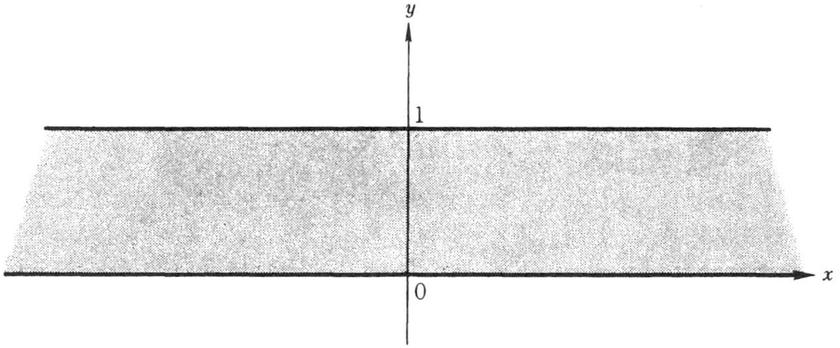

同様に，直積集合 $I\times\boldsymbol{R}$ は縦に無限にのびた帯状の図形である．しかし，これらの帯状の図形は横にのびようが縦にのびようが位相は同じであるから区別をしない：$\boldsymbol{R}\times I\cong I\times\boldsymbol{R}$.

直積図形 $X\times Y$ の成分はいつでも交換できるのである．すなわちつぎの命題がなりたつ．

命題 141　2つの図形 X, Y に対して，直積図形 $X\times Y$ と $Y\times X$ は位相同型である：

$$X\times Y\cong Y\times X$$

証明　2つの写像

$$f:\ X\times Y \longrightarrow Y\times X,\qquad f(x,y)=(y,x)$$
$$g:\ Y\times X \longrightarrow X\times Y,\qquad g(y,x)=(x,y)$$

はともに連続であって，$gf=1$, $fg=1$ をみたしている．したがって，$X\times Y$ と $Y\times X$ は位相同型である．

例 142　円 S^1 と線分 I の直積図形 $S^1\times I$ は，下の右図のような円柱側面である．したがって，同心円板は直積図形 $S^1\times I$ に位相同型である(例 8)．

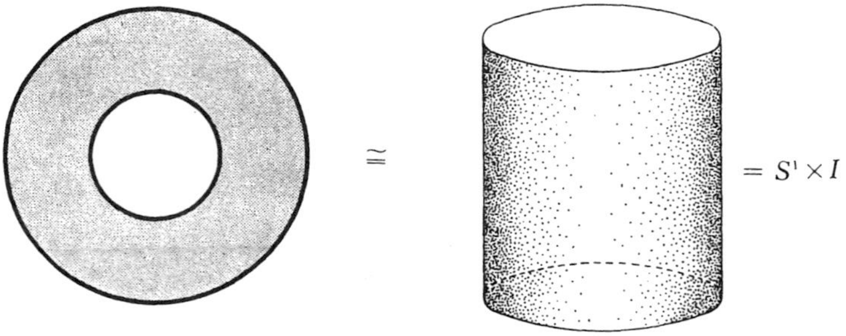

同様に，「ふち」のない同心円板は，円 S^1 と両端点を含まない線分 (0, 1) の直積図形 $S^1\times(0,1)$ に位相同型である．

例 143　2 点からなる集合 S^0 と直線 $\boldsymbol{R}$ の直積図形 $S^0\times\boldsymbol{R}$ は，次頁の右図のような 2 本の直線である．一方，直線 $\boldsymbol{R}$ から原点 0 を除いた集合 $\boldsymbol{R}-\{0\}$ は 2 本の端点のない半直線であるから，これは $S^0\times\boldsymbol{R}$ に位相同型である：

$$\boldsymbol{R}-\{0\}\approx S^0\times\boldsymbol{R}$$

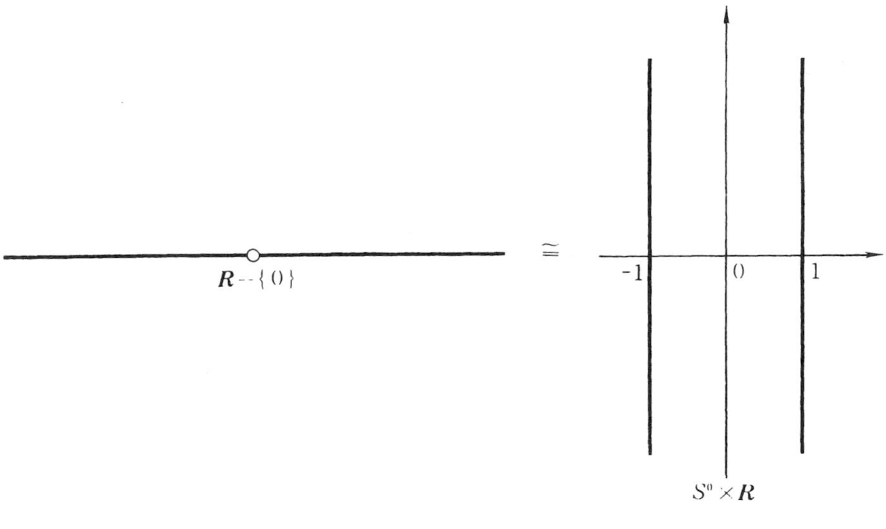

このことは，図形 $\boldsymbol{R}-\{0\}$ の位相を調べるには直積図形 $S^0\times\boldsymbol{R}$ を調べるとよいことを示している．$\boldsymbol{R}-\{0\}$ は弧状連結でない(例54)が，その原因は $S^0\times\boldsymbol{R}$ の成分 S^0 が弧状連結でない (例50) ことにあり，また $\boldsymbol{R}-\{0\}$ はコンパクトでないが，それは $S^0\times\boldsymbol{R}$ の成分 $\boldsymbol{R}$ がコンパクトでない(例47) ことに原因があるのである．

例 144　円 S^1 と直線 $\boldsymbol{R}$ の直積図形 $S^1\times\boldsymbol{R}$は下の右図のような無限にのびた円柱側面である．さて，平面 $\boldsymbol{R}^2$ から原点 0 を除いた集合 $\boldsymbol{R}^2-\{0\}$ は，$S^1\times\boldsymbol{R}$ に位相同型になる：

$$\boldsymbol{R}^2-\{0\}\cong S^1\times\boldsymbol{R}$$

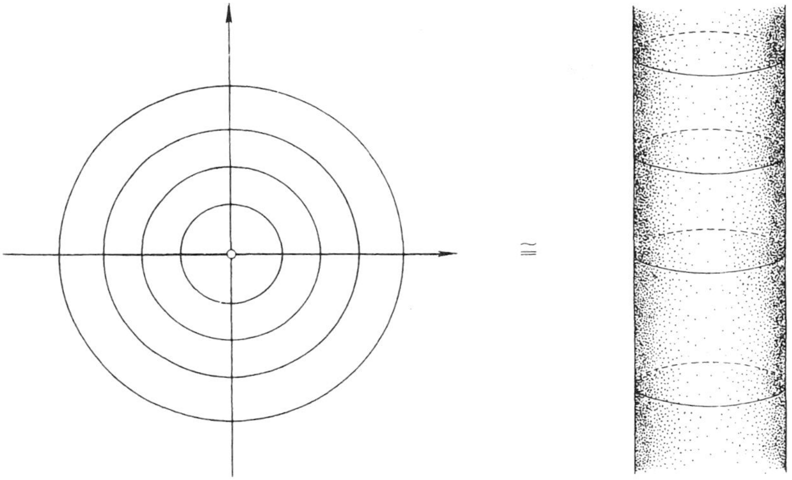

$R^2-\{0\}$　　　$S^1\times R$

この直感的な証明はつぎのようである．「ふち」のない同心円板 A の幅を無限にひきのばすと $\boldsymbol{R}^2-\{0\}$ となる：$\boldsymbol{R}^2-\{0\}\cong A$．一方，同心円板 A は「ふち」のない円柱側面 $S^1\times(0,1)$ に位相同型であった (例142) が，この「ふち」のない円柱側面 $S^1\times(0,1)$ を無限にひきのばしたものが $S^1\times\boldsymbol{R}$ である ($(0,1)\cong\boldsymbol{R}$ に注意(例99))．だから，位相同型 $\boldsymbol{R}^2-\{0\}\cong A\cong S^1\times(0,1)\cong S^1\times\boldsymbol{R}$ を得る．

これを式でかいて厳密に証明してみよう．そのために，平面 $\boldsymbol{R}^2$ を (複素数全体の集合である) 複素平面 $\boldsymbol{C}$ とみなしておく．すなわち，平面 $\boldsymbol{R}^2$ の点 (x,y) と複素平面

$\boldsymbol{C}$ の点 $x+iy$ を同一視するのである．さて，0 でない複素数 α は $\alpha=r(\cos\theta+i\sin\theta)$, $r>0$ と1通りに表わされることを用いて，2つの写像を

$$f: \boldsymbol{C}-\{0\} \longrightarrow S^1\times\boldsymbol{R}, \qquad f(r(\cos\theta+i\sin\theta))=((\cos\theta, \sin\theta), \log r)$$
$$g: S^1\times\boldsymbol{R} \longrightarrow \boldsymbol{C}-\{0\}, \qquad g((x,y),t)=e^t(x+iy)$$

と定義すると，f, g はともに連続であって，$gf=1$, $fg=1$ をみたしている．したがって $\boldsymbol{C}-\{0\}$ と $S^1\times\boldsymbol{R}$ は位相同型である．

ここで座標という考え方について説明しよう．平面 $\boldsymbol{R}^2$ は2本の直線 $\boldsymbol{R}$ の直積集合 $\boldsymbol{R}\times\boldsymbol{R}$ であった(例138)：

$$\boldsymbol{R}^2=\boldsymbol{R}\times\boldsymbol{R}$$

すなわち平面 $\boldsymbol{R}^2$ の点 P は2つの実数 x, y の組 (x, y) で1通りに表わされているので，これらの x, y を点 P の**座標**と名付けるわけである．そして，点 P の動向を調べる代りに，点 P の座標 x, y の関係 $F(x, y)=0$ を調べようとするのが Descartes (デカルト) の創始による座標の考え方であり，解析幾何学の基調となっているのはよく知られている通りである．さて，ある図形 X が2つの図形 A, B の直積集合

$$X=A\times B$$

に表わされたとすると，X の点 x は

$$x=(a, b) \qquad a\in A,\ b\in B$$

と1通りに表わされている．この a, b を点 x の**座標**という．このように，図形 X が2つの図形 A, B の直積集合になったとすると，X の点 x の動向を調べるには，x の座標 a, b の関係を調べるとよいし，また図形 X 全体の性質を調べる代りに A, B を調べればよかろうというわけである．$X=A\times B$ となったとき，X の構造よりも A, B の構造の方が複雑であれば何にもならないが，そのようなことはまずないのである．たとえば，平面 $\boldsymbol{R}^2$ を調べる代りに，$\boldsymbol{R}^2$ より簡単な図形である x 軸，y 軸の2本の直線 $\boldsymbol{R}$ を調べればよいというわけである．

平面 $\boldsymbol{R}^2$ 上の座標には(上記のような直交座標のほかに)極座標もある．平面 $\boldsymbol{R}^2$ の点 P の極座標 (r, θ) とは，r は点 P と原点0を結ぶ線分の長さであり，θ は x 軸と OP とのなす角である．ここで注意しなければならないのは，原点0に極座標が定義されないということである ($r=0$ としても，θ が定義しようがない)．だから，平面 $\boldsymbol{R}^2$ に極座標を定義しようと思えば，どうしても原点 0 を除かねばならず，それは $\boldsymbol{R}^2-\{0\}$ で定義されているのである．さて，$\boldsymbol{R}^2-\{0\}$ において，r を一定 (たとえば $r=1$) に

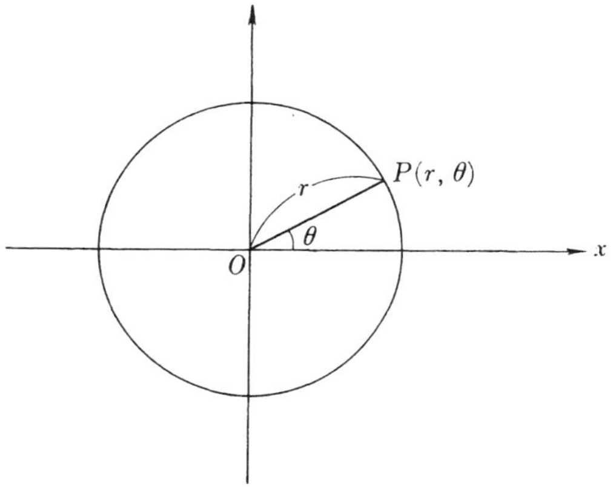

してθの値を変えると，１つの円ができる．つぎに，rの値をいろいろ動かすと，これらの円が $\boldsymbol{R}^2-\{0\}$ 全体を埋めるであろう．そして，この極座標の考え方が，位相同型 $\boldsymbol{R}^2-\{0\}\cong S^1\times\boldsymbol{R}$ を与えている．

(2) ファイバー空間

ファイバー空間の感じを，その特別の場合である直積図形を用いて説明しよう．そのために，つぎの事実を説明することから始める．

例 145 2つの円 S^1 の直積図形 $S^1\times S^1$ はトーラスTである：

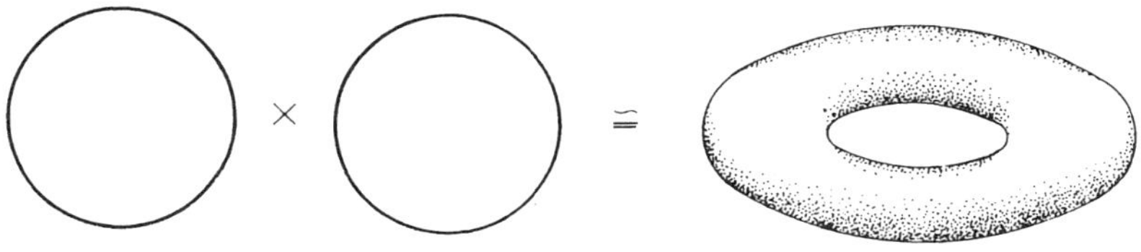

これを理解するために，2つの図形 X, Y の直積図形 $X\times Y$ をつぎのようにみよう．$X\times Y$ において，Xの１点xを固定しYの点yを動かした集合

$$x\times Y=\{(x,y)\,|\,y\in Y\}$$

を考えると，これはYに位相同型な図形である．だから，$X\times Y$ はXの各点xに図形Yをくっつけてできた図形であるとみるのである．

たとえば，(横の)線分Iの各点xに(縦の)線分をくっつけた図形は正方形となるが，

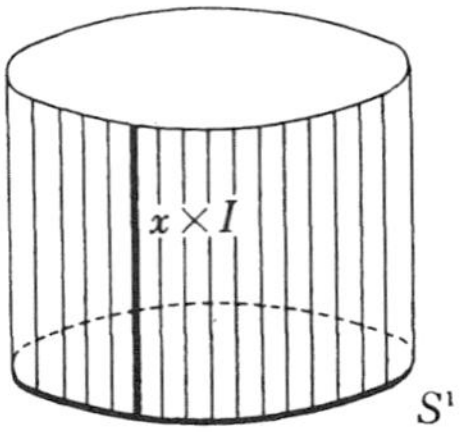

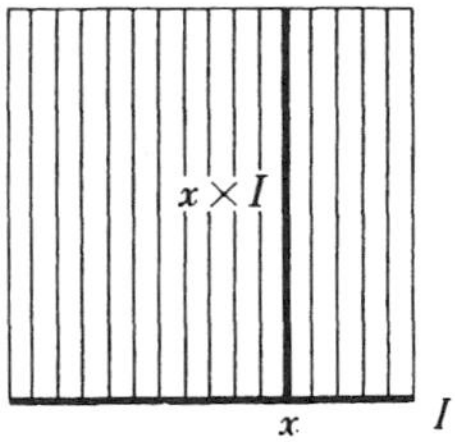

これが直積図形$I\times I$である(例139)．また円S^1の各点xに線分Iをくっつけた図形は円柱側面となるが，これが直積図形$S^1\times I$である(例142)．

さて円S^1の各点xに(小さい)円S^1をくっつけていくと，下図のようにトーラス

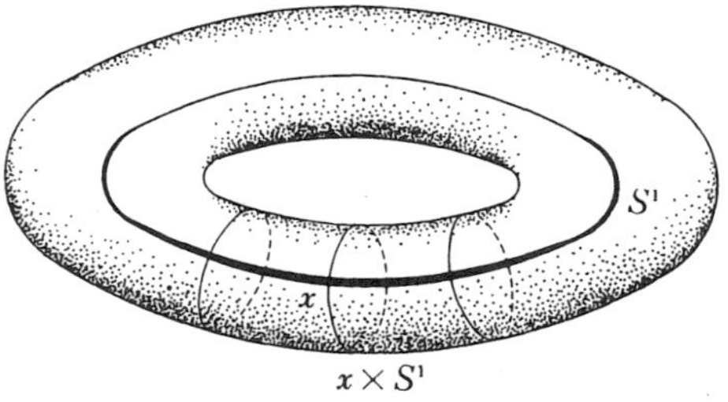

ができるであろう．だから，トーラスTは2つの円S^1の直積図形である：$T=S^1\times S^1$.

上にあげた例のように，図形Xの各点に図形Yをくっつけてできる図形Eを，Xを**底**としYを**ファイバー**にもつ**ファイバー空間**という．(もちろんファイバー空間の厳密な定義があるのだが，正確に述べるには程度が高過ぎるので本書では省略せざるを得ない)．例139，142，145をファイバー空間の用語を用いていうとつぎのようになる．

例146　正方形板$I\times I$は，線分Iを底とし線分Iをファイバーにもつファイバー空間である．

例 147 円柱側面 $S^1 \times I$ は，円 S^1 を底とし線分 I をファイバーにもつファイバー空間である．

例 148 トーラス T は，円 S^1 を底とし円 S^1 をファイバーにもつファイバー空間である．

例 149 Möbius の帯 M を考えよう．Möbius の帯の「ふち」† をたどっていくと 1 つの円 S^1 であり，その円の各点 x に線分 I がくっついて図形ができている．したがって

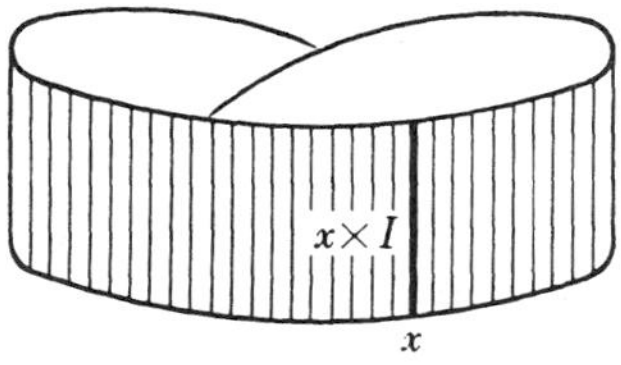

Möbius の帯は，円 S^1 を底とし線分 I をファイバーにもつファイバー空間である．一方，円柱側面 $S^1 \times I$ (例142) も Möbius の帯と同じように，円 S^1 を底とし線分 I をファイバーにもつファイバー空間であった (例147) が，実は Möbius の帯と円柱側面とは位相同型でないのである：

$$M \not\cong S^1 \times I$$

このように，底とファイバーがともに同じでも，これらからつくられるファイバー空間はいろいろあるのであって，底 X とファイバー Y からどれだけの図形がつくれるかということがファイバー空間の理論の 1 つの主要テーマとなっている．なお，ファイバー空間の理論によれば，円 S^1 を底とし線分 I をファイバーにもつファイバー空間は，円柱側面と Möbius の帯の 2 つしかないことが知られている．

(3) 平面 $\boldsymbol{R}^2$ と空間 $\boldsymbol{R}^3$ が位相同型でないこと

例143，144と類似の補題150を証明し，これを利用して，平面 $\boldsymbol{R}^2$ と空間 $\boldsymbol{R}^3$ が位相

† この「ふち」（または「境界」）の意味は，2 章で述べたものと違っている．この「ふち」の定義をここでは省略しているので，直感的に感じとっていただきたい．前にも混同して用いている箇所もあったし，これからもそうだろう．

同型でないことを示そう.

補題 150　空間 $\boldsymbol{R}^3$ から1点 $\boldsymbol{a}$ を除いた補集合 $\boldsymbol{R}^3-\{\boldsymbol{a}\}$ は，球面 S^2と直線 $\boldsymbol{R}$ の直積図形に位相同型である：

$$\boldsymbol{R}^3-\{\boldsymbol{a}\}\cong S^2\times\boldsymbol{R}$$

証明　(この証明は例144と本質的に同じである). 球面 S^2 として，$\boldsymbol{R}^3$ の原点 $\boldsymbol{0}$ を中心とし半径1の球面をとることにする：

$$S^2=\{(x,y,z)\in\boldsymbol{R}^3\mid x^2+y^2+z^2=1\}$$

なお点 $\boldsymbol{a}$ は原点として証明してもよい：$\boldsymbol{R}^3-\{\boldsymbol{a}\}\cong\boldsymbol{R}^3-\{\boldsymbol{0}\}$ ので

$$\boldsymbol{R}^3-\{\boldsymbol{0}\}\cong S^2\times\boldsymbol{R}$$

を証明しよう. さて2つの写像を

$$f:\ \boldsymbol{R}^3-\{\boldsymbol{0}\}\longrightarrow S^2\times\boldsymbol{R},\qquad f(\boldsymbol{x})=\left(\frac{\boldsymbol{x}}{|\boldsymbol{x}|},\ \log|\boldsymbol{x}|\right)^{\dagger}$$

$$g:\ S^2\times\boldsymbol{R}\longrightarrow\boldsymbol{R}^3-\{\boldsymbol{0}\},\qquad g(\boldsymbol{x},t)=e^t\boldsymbol{x}^{\dagger}$$

と定義すると，f,g はともに連続であって，$gf=1$, $fg=1$ をみたしている. したがって $\boldsymbol{R}^3-\{\boldsymbol{0}\}$ と $S^2\times\boldsymbol{R}$ は位相同型である.

定理 151　平面 $\boldsymbol{R}^2$ と空間 $\boldsymbol{R}^3$ は位相同型でない：

$$\boldsymbol{R}^2\not\cong\boldsymbol{R}^3$$

証明　背理法によって証明しよう. もし平面 $\boldsymbol{R}^2$ と空間 $\boldsymbol{R}^3$ が位相同型であるとすると，$\boldsymbol{R}^2$ と $\boldsymbol{R}^3$ の間に位相同型写像 $f:\boldsymbol{R}^2\to\boldsymbol{R}^3$ が存在する. $\boldsymbol{R}^2$ の原点 $\boldsymbol{0}$ の f による像を $\boldsymbol{a}$：$f(\boldsymbol{0})=\boldsymbol{a}$ とおくとき，$\boldsymbol{R}^2-\{\boldsymbol{0}\}$ と $\boldsymbol{R}^3-\{\boldsymbol{a}\}$ は位相同型になる：$\boldsymbol{R}^2-\{\boldsymbol{0}\}\cong\boldsymbol{R}^3-\{\boldsymbol{a}\}$. この結果に例144，補題150の結果 $\boldsymbol{R}^2-\{\boldsymbol{0}\}\cong S^1\times\boldsymbol{R}$, $\boldsymbol{R}^3-\{\boldsymbol{a}\}\cong S^2\times\boldsymbol{R}$ を用いると

$$S^1\times\boldsymbol{R}\cong S^2\times\boldsymbol{R}$$

となる. さらに直線 $\boldsymbol{R}$ は1点にホモトピー同型であることに注意すると，ホモトピー同型

$$S^1\simeq S^2$$

を得る. しかしこれは矛盾である. 実際，S^1 と S^2 の Euler 指標は，それぞれ $\chi(S^1)=0$ (例121)，$\chi(S^2)=2$ (定理123)であって異なるから，S^1 と S^2 はホモトピー同型

† 空間 $\boldsymbol{R}^3$ の点 $\boldsymbol{x}=(x,y,z)$ に対し，$|\boldsymbol{x}|=\sqrt{x^2+y^2+z^2}$ と定義し，また，$\lambda\in\boldsymbol{R}$, $\boldsymbol{x}=(x,y,z)\in\boldsymbol{R}^3$ に対し，$\lambda\boldsymbol{x}=(\lambda x,\lambda y,\lambda z)$ と定義する.

になり得ない(定理130)からである．この矛盾は $\boldsymbol{R}^2 \cong \boldsymbol{R}^3$ としたことから生じたので，これで $\boldsymbol{R}^2 \not\cong \boldsymbol{R}^3$ であることが証明された．

§2　等化図形

(1)　同値関係と等化集合

同値関係について説明し，さらに集合を同値関係によって分類することを考えよう．この同値関係による分類は，数学で最も重要な基本概念であるが，ここでは図形を分類することよって新しい図形を構成することに用いよう．

定義　集合 X に記号 $\sim$ で表わされる関係が定義されており，X の任意の2点 x, y に対して $x \sim y$ であるか $x \not\sim y$ であるかのどちらかがなりたち，かつつぎの3つの条件

(1)　$x \sim x$　　　　　　　　　　　　(**反射法則**)

(2)　$x \sim y$　ならば　$y \sim x$　　　　　(**対称法則**)

(3)　$x \sim y,\ y \sim z$　ならば　$x \sim z$　　(**推移法則**)

をみたすとき，集合 X に**同値関係** $\sim$ が与えられたという．また $x \sim y$ であるとき，x と y は**同値**であるという．

集合 X に同値関係 $\sim$ が与えられたとき，この同値関係を用いて，X を互いに共通部分を含まない部分集合に分けよう．まず X の1点 a をとり，a に同値な X の点をすべて集めて X の部分集合 $\bar{a}$ をつくる：

$$\bar{a} = \{x \in X \mid x \sim a\}$$

つぎに集合 $\bar{a}$ に属さない X の点 b をとり，b に同値な X の点全体を集めて X の部分集合 $\bar{b}$ をつくる：

$$\bar{b} = \{x \in X \mid x \sim b\} \qquad (a \not\sim b)$$

さらに集合 $\bar{a}$ にも $\bar{b}$ にも属さない X の点 c をとり，c に同値な X の点全体を集めて X の部分集合 $\bar{c}$ をつくる．この操作を続けていくと，X は互いに共通部分のない部分集合に分けられる：

$$X = \bar{a} \cup \bar{b} \cup \bar{c} \cup \cdots$$

X をこのような方法で互いに共通部分のない部分集合に分けることを，X を**同値関係 $\sim$ によって分類する**という．

注意　上記のような分類の仕方は厳密性を欠くきらいがあるのだが，この方が素人わかりすると思ったので，強いてこのような述べ方をした．正しくは，Xの各点aに対して集合 $\bar{a}=\{x\in X\mid x\sim a\}$ をつくると

$$\bar{a}=\bar{b}\quad \text{または}\quad \bar{a}\cap\bar{b}=\phi$$

のいずれかがなりたつというべきである．

さて，X の分類 $X=\bar{a}\cup\bar{b}\cup\bar{c}\cup\cdots$ において，集合 $\bar{a},\bar{b},\bar{c},\cdots$ をそれぞれ１点とみなすことにすると新しい集合ができる．この集合を $X/\sim$ で表わし：

$$X/\sim=\{\bar{a},\bar{b},\bar{c},\cdots\}$$

$X/\sim$ をXを同値関係$\sim$によって分類した**等化集合**という．

以下の例でもわかるように，集合Xにある関係$\sim$を与えるとき，その関係$\sim$が同値法則(1)(2)(3)をみたすことを確かめるのはやさしいのであるが，それよりもXをこの同値関係によって分類すること，すなわち，等化集合 $X/\sim$ がどんな集合であるか，また $X/\sim$ がどんな構造をもつかを知るのが難しいのである．なかには分類することが絶対不可能と思える程難しいものもある（例158など）．もちろん，以下の例では直感のきくやさしいものばかりであるが．

例 152　図形Xにおいて

$$x\sim y \iff x\text{ と }y\text{ を結ぶ}X\text{の道が存在する}$$

と定義すると，関係$\sim$は同値法則をみたす．Xのこの同値関係による等化集合 $X/\sim$ の元をXの**弧状連結成分**という．Xの点xを含む弧状連結成分とは，x と X の道で結べる点全体のことである．たとえば，直線 $\boldsymbol{R}$ の弧状連結成分の個数は１であり，$\boldsymbol{R}$ から原点 0 を除いた図形 $\boldsymbol{R}-\{0\}$ の弧状連結成分の個数は２である．

例 153　$\boldsymbol{Z}$ を整数全体の集合とする：$\boldsymbol{Z}=\{\cdots,-2,-1,0,1,2,3,\cdots\}$．$\boldsymbol{Z}$ において

$$x\sim y \iff x-y\text{ が }2\text{ で割り切れる}$$

と定義すると，関係$\sim$は同値法則をみたす．このとき等化集合 $\boldsymbol{Z}/\sim$ はどんな集合であるかを考えてみよう．すぐわかるように，0 に同値な元とは偶数のことであり：

$$\bar{0}=\{\cdots,-4,-2,0,2,4,6,\cdots\}$$

１に同値な元とは奇数のことである：

$$\bar{1}=\{\cdots,-3,-1,1,3,5,7,\cdots\}$$

かつ $\bar{0}$ と $\bar{1}$ には共通元がなく：$\bar{0}\cap\bar{1}=\phi$，さらに

$$\boldsymbol{Z}=\bar{0}\cup\bar{1}$$

となっている．すなわち，$\boldsymbol{Z}$ をこの同値法則～で分類するとは，$\boldsymbol{Z}$ を偶数の集合と奇数の集合に分けることである．したがって，等化集合 $\boldsymbol{Z}/\sim$ は 2 点からなる集合のことである：

$$\boldsymbol{Z}/\sim=\{\bar{0},\bar{1}\}$$

同様に，$\boldsymbol{Z}$ において

$$x\sim y \iff x-y \text{ が } 3 \text{ で割り切れる}$$

と定義すると，関係～は同値法則をみたす．このとき

$$\bar{0}=\{\cdots,-6,-3,0,3,6,9,\cdots\}$$
$$\bar{1}=\{\cdots,-5,-2,1,4,7,10,\cdots\}$$
$$\bar{2}=\{\cdots,-4,-1,2,5,8,11,\cdots\}$$

であって，$\boldsymbol{Z}$ は

$$\boldsymbol{Z}=\bar{0}\cup\bar{1}\cup\bar{2}$$

と分類される．したがって，この等化集合 $\boldsymbol{Z}/\sim$ は 3 点からなる集合である．さらに一般に，$\boldsymbol{Z}$ において

$$x\sim y \iff x-y \text{ が(正の整数)} n \text{ で割り切れる}$$

と定義したときの等化集合 $\boldsymbol{Z}/\sim$ は，n 個の点からなる集合

$$\boldsymbol{Z}/\sim=\{\bar{0},\bar{1},\bar{2},\cdots,\overline{n-1}\}$$

である．

集合 X が図形であるとき，すなわち X に位相がはいっているとき，等化集合 $X/\sim$ にある決められた方法によって位相がはいるのであるが，それをここでは述べることができないので，これも以下の例によって直感的に理解していただこう．

例 154　実数全体の集合である直線 $\boldsymbol{R}$ において

$$x\sim y \iff x-y \text{ が整数}$$

と定義すると，関係～は同値法則をみたす．このときの等化図形 $X/\sim$ は円 S^1 になるのである：

$$\boldsymbol{R}/\sim\cong S^1$$

このことをつぎのようにして理解することにしよう．

t を 1 つの実数とするとき，t に同値な実数全体の集合は

$$\bar{t} = \{\cdots, -2+t, -1+t, t, 1+t, 2+t, 3+t, \cdots\}$$

である． t を $0 \leq t < 1$ にとってこれを直線 $\boldsymbol{R}$ 上に図示すると

のようである．さて等化集合 $\boldsymbol{R}/\sim$ においては集合 $\bar{t}$ を1点とみなすのであるから，この $\bar{t}$ を実数 t とみなしてしまうことにしよう．このようなことを $0 \leq t < 1$ をみたすすべての実数 t について行なうと，$\boldsymbol{R}/\sim$ は

$$[0, 1) = \rule{3cm}{0.4pt}\circ$$

となるだろう．したがって，等化集合 $\boldsymbol{R}/\sim$ は一方の端点を含まない線分である：$\boldsymbol{R}/\sim = [0, 1)$．$\boldsymbol{R}/\sim$ の集合としての構造のみを問題とするときにはこの答でも正解なのであるが，実は $\boldsymbol{R}/\sim$ に位相がはいっているので（0附近の点と1附近の点を近くの点とみなしたいのである）これでは困るのである．そのために，まず $0 \leq t \leq 1$ の各実数 t に対して上記のような操作をして線分 $[0, 1]$ を残すことにする．(これは直線 $\boldsymbol{R}$ を各整数点の所で切ってできた線分を順次線分 $[0, 1]$ に重ね合わせたものと思うとよい)．しかるに線分 $[0, 1]$ の両端の2点 $0, 1$ は同値であるから，これらを1点とみなしてくっつけてしまうと円になるというわけである：

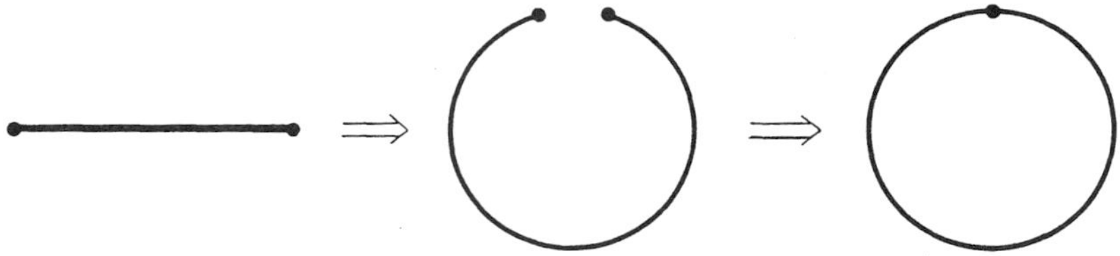

こうすると0附近の点と1附近の点が近くなって都合がよいのである．（位相のいれ方を話してないので納得いかない点があるかもしれないが，そう思っていただきたい）．

$\boldsymbol{R}/\sim \cong S^1$ となることを，つぎのように見るとわかりよいかもしれない．まず，集

合 $\bar{t}$ の各点 $\cdots -1+t, t, 1+t, 2+t, \cdots$ を縦に置いて直線 $\boldsymbol{R}$ を渦巻状にかいておく．そして等化集合 $\boldsymbol{R}/\sim$ では，これらの点は同一視してしまうのであるから，$\boldsymbol{R}/\sim$ をこの渦巻直線 $\boldsymbol{R}$ を上から押しつぶした図形とみて，円 S^1 になると理解するのである．このことを逆に述べるとつぎのようになる．円 S^1 の各点に整数全体の集合 $\boldsymbol{Z}$ をくっつけると渦巻状の直線 $\boldsymbol{R}$ ができる．したがって

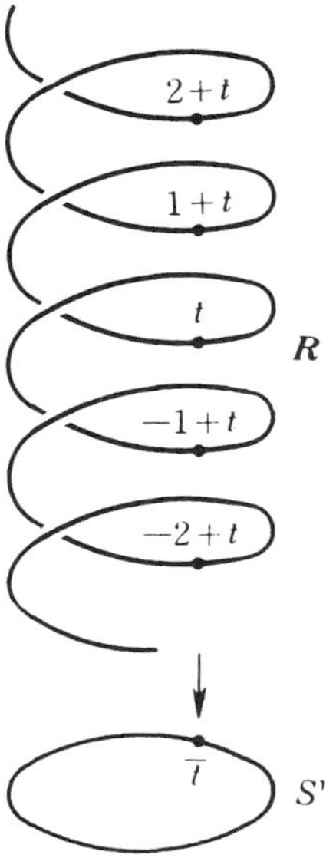

直線 $\boldsymbol{R}$ は，円 S^1 を底とし $\boldsymbol{Z}$ をファイバーにもつファイバー空間である

ということができる．

同様に，直線 $\boldsymbol{R}$ において

$$x \sim y \iff x-y \text{ が } 2\pi \text{ の整数倍}$$

と定義しても，関係～は同値法則をみたし，等化図形 $\boldsymbol{R}/\sim$ はやはり円 S^1 になる．この事実は解析学でもよく用いられていることである．たとえば

$$\sin x = \frac{1}{2}$$

の解は，普通 $x=\dfrac{\pi}{6}+2n\pi$ または $x=\dfrac{5\pi}{6}+2n\pi$ であると解くが，$2n\pi$ はどうも書きたくない感じで，これを $x=\dfrac{\pi}{6}$ または $x=\dfrac{5\pi}{6}$ と解きたいのである．$2n\pi$ をつけなくてはならないのは，正弦関数 $\sin x$ を直線 $\boldsymbol{R}$ 上の関数と思うからなのであって，これを $\boldsymbol{R}/\sim = S^1$ の上の関数と思うと，$2n\pi$ をつけるわずらわしさがなくなって都合がよい．一般に，関数 $f: \boldsymbol{R} \to \boldsymbol{R}$ が

$$f(x+p) = f(x) \qquad x \in \boldsymbol{R}$$

をみたすとき f を**周期関数**というが，この周期関数をグラフにかくと，長さ $|p|$ の区間毎に同じ状態を繰り返すので，これを直線 $\boldsymbol{R}$ 全体で考えるのはずいぶん無駄な話であって，1区間で考えると十分なわけである．だから，周期関数 $f: \boldsymbol{R} \to \boldsymbol{R}$ は，円の上の関数 $f: \boldsymbol{R}/\sim = S^1 \to \boldsymbol{R}$ と思う方がよいのである．

例 155　平面 $\boldsymbol{R}^2$ において

$$(x, y) \sim (x', y') \iff x-x',\ y-y' \text{ がともに整数}$$

と定義すると，関係は同値法則をみたす．このときの等化図形 $\boldsymbol{R}^2/\sim$ はトーラス T である：

$$\boldsymbol{R}^2/\sim \cong T$$

これをつぎのようにして理解することにしよう．平面 $\boldsymbol{R}^2$ の点 (s, t)，$0 \leqq s \leqq 1$，$0 \leqq t \leqq 1$ に対して，(s, t) に同値な点全体の集合は

$$(\bar{s}, \bar{t}) = \{(s+m, t+n) \mid m, n \text{ は整数}\}$$

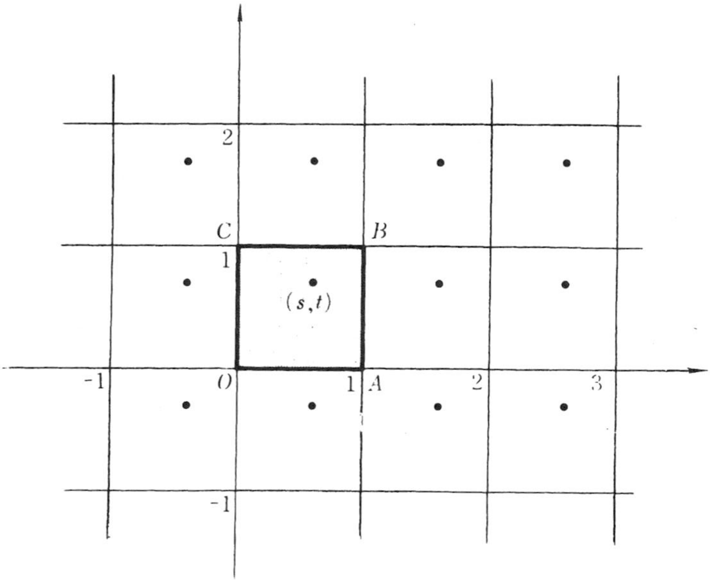

であるが，等化集合 $\boldsymbol{R}^2/\sim$ では，この集合 $(\bar{s}, \bar{t})$ は1点とみなすのであるから，同じ記号 (s, t) と表わそう．（これは平面 $\boldsymbol{R}^2$ を整数点を通り，x 軸，y 軸の両軸に平行にさいの目に切って，上図の正方形板 $OABC$ に重ね合せたものを思うとよい）．しかるに，正方形板 $OABC$ の対辺の $(s, 0)$ と $(s, 1)$ は同じ点であるから，これをくっつけ，さらに $(0, t)$ と $(1, t)$ の2点も同一視してくっつけると，トーラスとなるというわけ

である：

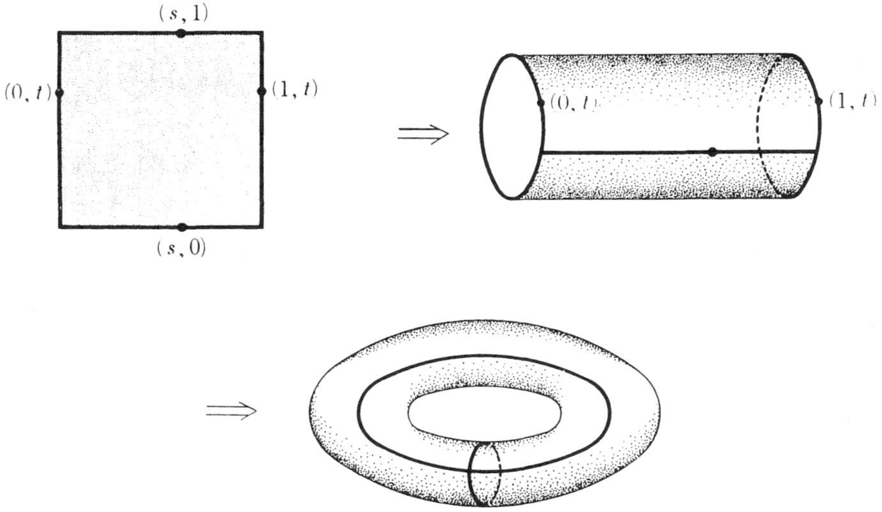

また，$\boldsymbol{R}^2/\sim\cong T$ をつぎようにしても説明できるだろう．$(x, y)\sim(x', y')$ の関係をそれぞれ x 座標，y 座標で考えると，それは例154の関係になっているから

$$\boldsymbol{R}^2/\sim\cong\boldsymbol{R}/\sim\times\boldsymbol{R}/\sim\cong S^1\times S^1\cong T \quad (\text{例}145)$$

を得る．

例 156　集合のある集まり $\mathfrak{X}$ を考える．$\mathfrak{X}$ において

$$X\sim Y \iff X \text{と} Y \text{の間に全単射}\quad f: X\to Y \text{が存在する}$$

と定義すると，関係～は同値法則をみたす．この同値関係によって $\mathfrak{X}$ を分類するのが**集合論**である．

例 157　$\mathfrak{X}$ を平面 $\boldsymbol{R}^2$ における図形の集まりとする．$\mathfrak{X}$ において

$$X\sim Y \iff X \text{と} Y \text{は合同である}$$

と定義すると，関係～は同値法則をみたす．この同値関係によって $\mathfrak{X}$ を分類するのが**平面ユークリッド幾何学**である．

例 158　$\mathfrak{X}$ を $\boldsymbol{R}^n$ の図形の集まりとする．$\mathfrak{X}$ において

$$X \sim Y \iff X\text{と}Y\text{は位相同型である}$$

と定義すると，関係～は同値法則をみたす．この同値関係によって $\mathfrak{X}$ を分類するのが **位相幾何学** である．また $\mathfrak{X}$ において

$$X \sim Y \iff X\text{と}Y\text{はホモトピー同型である}$$

と定義しても，関係～は同値法則をみたしており，Xをこの同値関係によって分類することも位相幾何学の一種である．

(2)　部分集合 A を 1 点に縮めたり，くっつけたりしてできる図形

図形Xにおいて，その部分集合Aを1点に縮めてできる図形を X/A で表わす．この縮めるという定義を，同値関係を用いて厳密にかいてみよう．(しかし X/A の位相のいれ方は省略している)．

定義　Xを集合とし，AをXの部分集合とする．Xにおいて

$$x \sim y \iff x = y \ \text{または}\ x, y \in A$$

と定義すると，関係～は同値法則をみたす．このときの等化集合 $X/\sim$ を X/A で表わし，**X において A を 1 点に縮めた集合**という．

例 159　線分 $I=[0,1]$ において，両端の 2 点 $\dot{I}=\{0,1\}$ を 1 点に縮めた図形は円 S^1 である（例 154 参照）：

$$I/\dot{I} \cong S^1$$

例 160　円板 $V^2=\{(x,y)\in \boldsymbol{R}^2 \mid x^2+y^2 \leqq 1\}$ において，V^2 の境界 $S^1=\{(x,y)\in \boldsymbol{R}^2 \mid x^2+y^2=1\}$ を 1 点に縮めた図形は球面 S^2 である：

$$V^2/S^1 \cong S^2$$

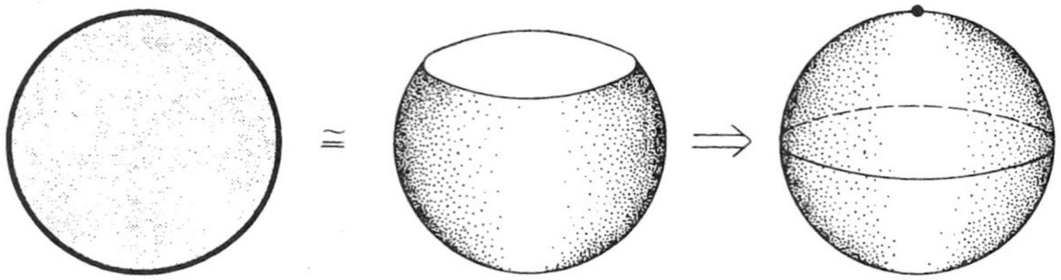

これを直感的に理解するには，円板を風呂敷にみたててその「ふち」を1点につまんだ状態を想像するとよい．

例 154, 155 でみられるように，図形のある部分(主として「ふち」)の2点を順次くっつけていくと新しい図形ができたが，これも等化集合の一種である．このくっつける操作は曲面をつくるときによく用いられるので，例をあげて説明しておこう．

例 161　正方形板 $I^2=I\times I=\{(s,t)\in \boldsymbol{R}^2 \mid 0\leqq s\leqq 1, 0\leqq t\leqq 1\}$ において，点 $(0,t)$ と点 $(1,t)$, $0\leqq t\leqq 1$ をくっつけると円柱側面になる：

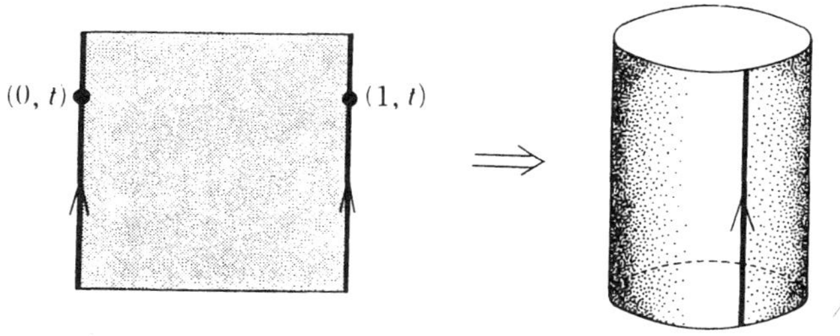

(このことは既に例155で用いている)．このくっつけるということを厳密に定義するとつぎのようになる．正方形板 I^2 において

$$(s,t)\sim(s',t') \iff \begin{cases} s=s' \\ t=t' \end{cases} \text{または} \begin{cases} s=0 \\ s'=1, \\ t=t' \end{cases} \begin{cases} s=1 \\ s'=0 \\ t=t' \end{cases}$$

と定義すると，関係～は同値法則をみたす．このときの等化集合 $I^2/\sim$ を，I^2 の点 $(0,t)$ と点 $(1,t)$, $0\leqq t\leqq 1$ をくっつけてできた図形というのである．

例 162　正方形板 I^2 において，点 $(0,t)$ と点 $(1,1-t)$, $0\leqq t\leqq 1$ をくっつけてできる図形は Möbius の帯である．

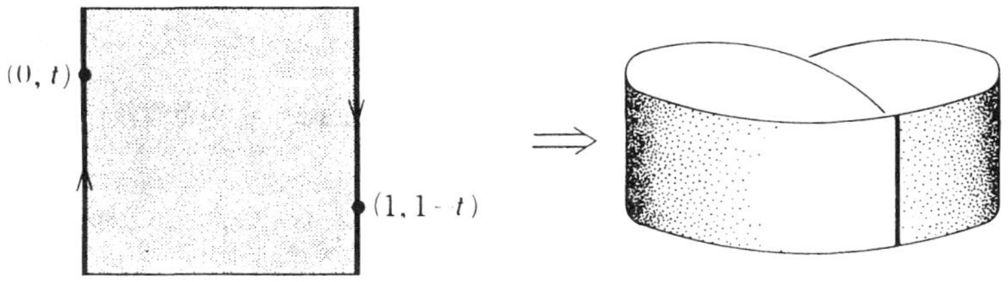

例 163　正方形板 I^2 において, 点 $(0,t)$ と点 $(1-t,1)$, $0\leqq t\leqq 1$ および点 $(s,0)$ と点 $(1,1-s)$, $0\leqq s\leqq 1$ をくっつけてできる図形は球面 S^2 である.

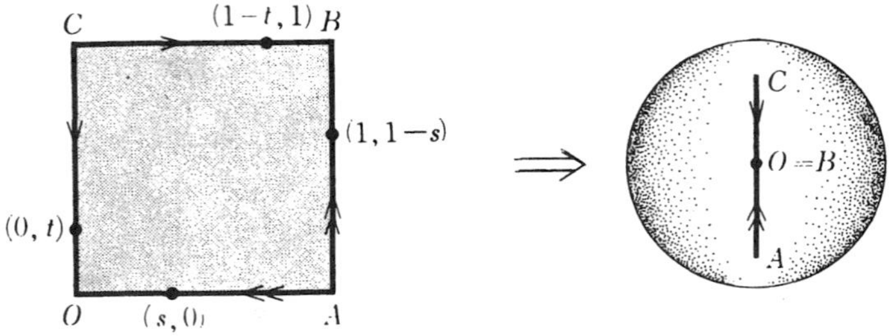

例 164　正方形板 I^2 において, 点 $(0,t)$ と点 $(1,t)$, $0\leqq t\leqq 1$ および点 $(s,0)$ と点 $(s,1)$, $0\leqq s\leqq 1$ をくっつけてできる図形はトーラスである. これは既に例155で述べたので, 図もそれを見ていただこう.

例 165　正方形板 I^2 において, 点 $(0,t)$ と点 $(1,t)$, $0\leqq t\leqq 1$ および点 $(s,0)$ と点 $(1-s,1)$, $0\leqq s\leqq 1$ をくっつけてできる図形を **Klein** (クライン)の**壺**という.

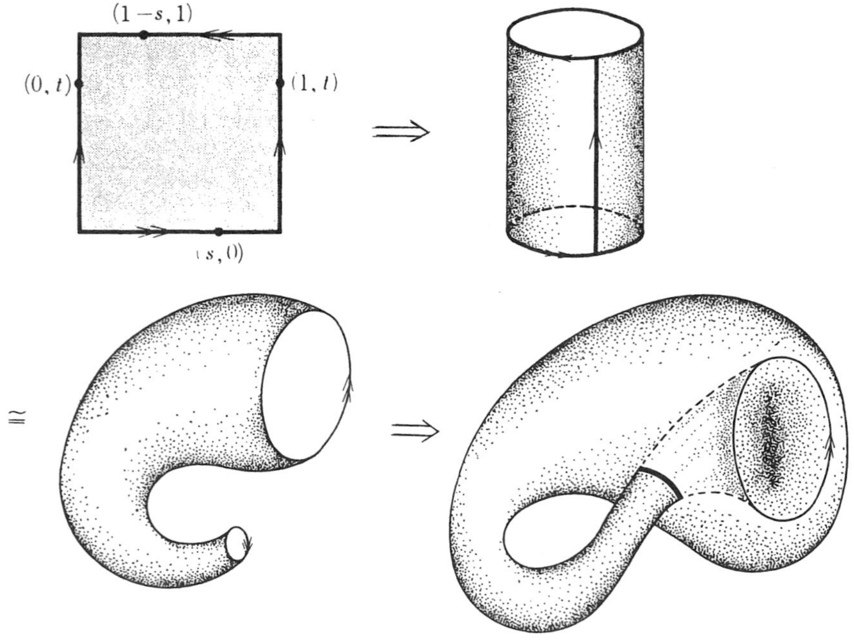

この Klein の壺は，図形が自分自身の壁を貫ぬいているように見えるかもしれないが，そうではなくて，実はこの図形は空間 $\boldsymbol{R}^3$ の中では絶対に描けない図形である．それを無理に描こうとするからこのようになっているのである．

例 166　正方形板 I^2 において，点 $(0,t)$ と点 $(1,1-t)$，$0 \leqq t \leqq 1$ および点 $(s,0)$ と点 $(1-s,1)$，$0 \leqq s \leqq 1$ をくっつけてできる図形を（**実**）**射影平面**という．

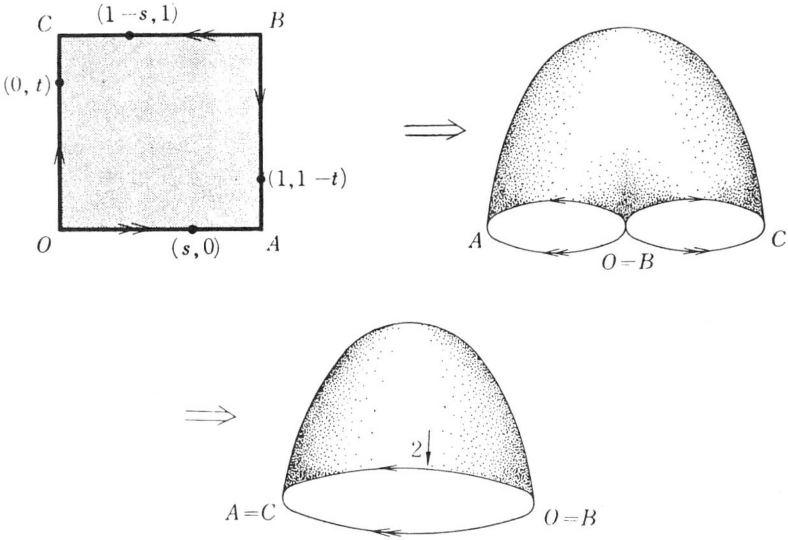

この射影平面も絶対に空間 $\boldsymbol{R}^3$ の中では描けない図形なのである．それを無理して描こうとしたから上図のようなお椀のような形になってしまったが，お椀の「ふち」（実は「ふち」ではなく「ふち」のようにみえるだけである）が2重に重なっているのである．この射影平面は球面と並んで位相幾何学で最もよく登場する基本図形であるので，つぎの項でもっと詳しく説明しよう．

ここで Poincaré の興味ある言葉を引用させていただく．

幾何学とは，下手に書いた図形から正しい理論を読みとる術であるとはよく言われることである．これはそうでたらめの話ではなく，かみしめると味のある真理である．しかし下手に書いた図形とは一体何なのか？　未熟な製図工が描く図形は，図形の大事な性質が変ってしまっている．直線はひょろひょろしているし，円はでこぼこである．にもかかわらずそれでよいのである．幾何学者はそんなことに頓着しない．正しく考えるのに妨げにならないのである．

—Henri, Poincaré：晩年の思想より—

(3)　射影平面

射影平面を述べる前に，射影直線の説明から始めよう．射影直線とは，平面 $\boldsymbol{R}^2$ における直線の傾き全体の集合のことである．そして，つぎの例 167, 168, 169 はいずれも同じ内容のいいかえに過ぎない．

例 167　円 $S^1=\{(x,y)\in\boldsymbol{R}^2\,|\,x^2+y^2=1\}$ において

$$(x,y)\sim(x',y') \iff (x,y)=(x',y') \text{ または } (x,y)=(-x',-y')$$

と定義すると，関係～は同値法則をみたす．このときの等化集合 $S^1/\sim$ を**(実)射影直線**といい，$\boldsymbol{R}P_1$ で表わす．この射影直線は再び円になるのである：

$$\boldsymbol{R}P_1\cong S^1$$

これはつぎのように考えるとよい．射影直線は円 S^1 において向い合った 2 点 (a,b), $(-a,-b)$ を同一視した図形であるから，円 S^1 の下半分を円の上半分

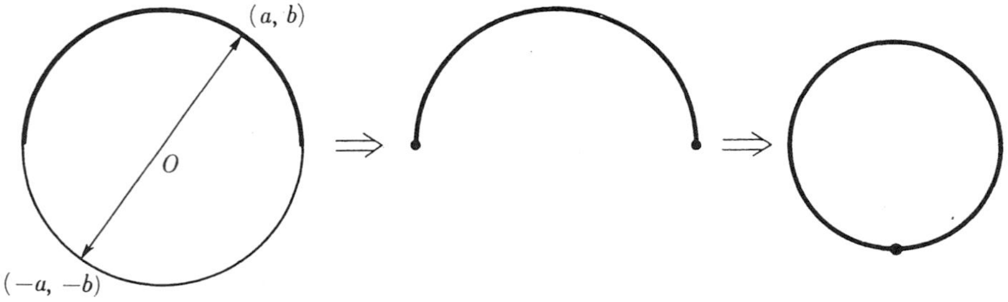

にくっつけてやると半円ができるが，その半円の両端の 2 点も同一視しなければならないので，くっつけると円になってしまう．だから射影直線は円である．

例 168　Xを平面 $\boldsymbol{R}^2$ 上の直線全体の集合とする．2 本の直線 L と L' が平行であるとき(L と L' が一致するときも平行であるということにする)，L と L' は同値であると定義する：

$$L\sim L' \iff L/\!\!/L'$$

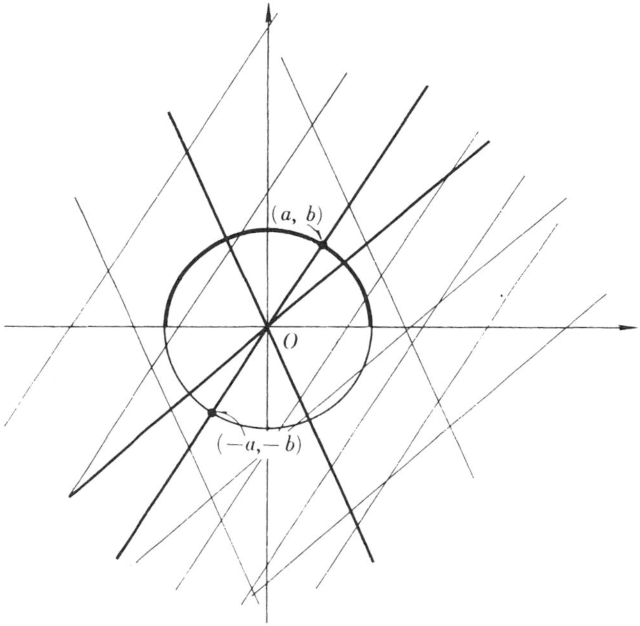

このときXにおけるこの関係$\sim$は同値法則をみたす．このときの等化集合 $X/\sim$ も射影直線 $\boldsymbol{R}P_1$ であり，したがって円 S^1 である．これを説明しよう．まず，互いに平行な直線全体の集合の中には，原点0を通る直線がちょうど1本含まれているから

$X/\sim=$\{原点0を通る直線全体\}となる．原点を通る直線は円 S^1 と2点 (a, b)，$(-a, -b)$ で交わる．逆に，円 S^1 上の2点(a, b)，$(-a, -b)$ は，その2点を結ぶことにより原点を通る直線を1本決定するので

\{原点0を通る直線全体\}
$\cong S^1$ の向いあった点を同一視した図形$=\boldsymbol{R}P_1$
$\cong S^1$ (例167)

となる．平面 $\boldsymbol{R}^2$ における直線の方程式は

$$y=mx+b \quad \text{または} \quad x=a$$

と表わされる．そして，m を直線 $y=mx+b$ の**傾き**という（直線 $x=a$ の傾きは∞と

いうことにする)ことはよく知られている通りである．さて，平行な直線は同じ傾きをもつから，射影直線 $\boldsymbol{R}P_1$ とは平面 $\boldsymbol{R}^2$ における直線の傾き全体の集合であるということもできる．任意の実数 m はある直線の傾きになり得るので

$$\boldsymbol{R}P_1 \cong \boldsymbol{R} \cup \infty$$

であるということもできる．このことは実数直線 $\boldsymbol{R}$ に無限遠点 ∞ をつけ加えると円 S^1 になることを示している．これを式でかくと，写像 $f\colon \boldsymbol{R}\cup\infty \to S^1$ を

$$f(t)=\left(\frac{1-t^2}{1+t^2},\ \frac{2t}{1+t^2}\right), \qquad t\in\boldsymbol{R}$$
$$f(\infty)=(-1,0)$$

と定義すると，f は位相同型写像になっている($\boldsymbol{R}\cup\infty$ の位相の入れ方を示していないので証明することができないが)．

例 169　平面 $\boldsymbol{R}^2$ から原点を除いた集合 $\boldsymbol{R}^2-\{0\}$ において

$$(x,y)\sim(x',y') \iff x=ax',\ y=ay' \text{ をみたす } a\in\boldsymbol{R} \text{ が存在する}$$

と定義すると，関係～は同値法則をみたす．このときの等化集合 $(\boldsymbol{R}^2-\{0\})/\sim$ もまた射影直線 $\boldsymbol{R}P_1$ である．それは，射影直線は原点を通る直線の全体であった(例168)が，原点を通る直線 $y=mx$ (または $x=0$) 上の点は (x,mx)，$x\in\boldsymbol{R}$ と表わされ，逆に，x が任意の実数値をとるときの点 (x,mx) 全体の集合が直線 $y=mx$ を表わす(直線 $x=0$ は点 $(0,y)$，$y\in\boldsymbol{R}$ 全体の集合である)から，$(\boldsymbol{R}^2-\{0\})/\sim$ の点と原点を通る直線とがちょうど1つずつ対応している．だから

$$(\boldsymbol{R}^2-\{0\})/\sim\ \cong \boldsymbol{R}P_1 \cong S^1$$

となる．

平面 $\boldsymbol{R}^2$ の直線の傾きを考えて射影直線を定義したが，このことを空間 $\boldsymbol{R}^3$ で考えると，射影平面が定義できるのである．つぎの例170, 171, 172はいずれもその定義を与えている．

例 170　球面 $S^2=\{(x,y,z)\in\boldsymbol{R}^3 \mid x^2+y^2+z^2=1\}$ において

$$(x,y,z)\sim(x',y',z') \iff \begin{array}{l}(x,y,z)=(x',y',z') \quad \text{または}\\ (x,y,z)=(-x',-y',-z')\end{array}$$

と定義すると，関係～は同値法則をみたす．このときの等化集合 $S^2/\sim$ を(**実**)**射影平面**といい，$\boldsymbol{R}P_2$ で表わす．　この図形は空間 $\boldsymbol{R}^3$ の中に実現できないのであるが，つぎのようにしてその図形を想像することにし，さらにそれが例166の図形のようになっていることも理解していただこう．まず，球面 S^2 の向い合った2点を同一視するので

あるから，球面の下半分を上半分にくっつけて半球面をつくる．そのときできた「ふち」の円の半分を，残りの半分に（上のお椀の部分はそのままにして）くっつけなければならない．さらに，「ふち」の半円の両端をくっつけると，射影平面の図形ができるのである．だから，射影平面 $\boldsymbol{R}P_2$ は射影直線 $\boldsymbol{R}P_1$（これは円 S^1 であった(例167)）に，円板 V^2 をその「ふち」（これも円 S^1 である）が2重に巻きつくようにくっつけた図形である．

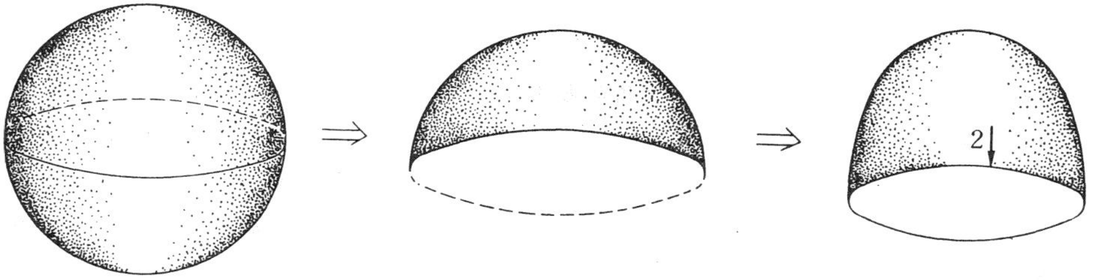

例 171　Xを空間 $\boldsymbol{R}^3$ 上の直線全体の集合とする．Xにおいて

$$L \sim L' \Longleftrightarrow L /\!/ L'$$

と定義すると，関係$\sim$は同値法則をみたす．このときの等化集合 $X/\sim$ も射影平面 $\boldsymbol{R}P_2$ である．これは例168と同様な考え方をすると

$$X/\sim = \{\text{原点を通る直線の全体}\}$$
$$\cong S^2/\sim(\text{例169}) = \boldsymbol{R}P_2$$

となるからである．

解析幾何学で，空間 $\boldsymbol{R}^3$ の原点を通る直線の方程式は

$$\frac{x}{l} = \frac{y}{m} = \frac{z}{n}$$

$(l, m, n$ は同時に0とはならない)で表わされることを知っている．この (l, m, n) をこの直線の**傾き**とよんでいる．傾き (l, m, n) を (al, am, an), $a \in \boldsymbol{R}$, $a \neq 0$ におきかえても直線の方程式は変らない．だから，直線の傾きをつぎの例のように定義するとよい．

例 172　空間 $\boldsymbol{R}^3$ から原点を除いた集合 $\boldsymbol{R}^3 - \{0\}$ において

$$(x, y, z) \sim (x', y', z') \Longleftrightarrow \begin{array}{l} x = ax',\ y = ay',\ z = az' \\ \text{をみたす } a \in \boldsymbol{R} \text{ が存在する} \end{array}$$

と定義すると，関係〜は同値法則をみたす．このときの等化集合 $(\boldsymbol{R}^3-\{0\})/\sim$ の元を空間直線の**傾き**という．そして傾き全体の集合である $(\boldsymbol{R}^3-\{0\})/\sim$ が射影平面 $\boldsymbol{R}P_2$ であることも例171の説明から明らかであろう．(この説明は例169と違うかも知れないが本質的には同じである)．

以上で射影平面 $\boldsymbol{R}P_2$ がわかったことになったが，この2重「ぶち」のあるお椀のような射影平面上で行なう幾何学を**平面射影幾何学**という．この幾何学では，どの2直線も必らず交点をもち，平行の概念のない幾何学となっている．しかし，射影平面の2重「ふち」を取り去った図形（この図形を引き延ばすと平面 $\boldsymbol{R}^2$ となる）上で考えると，平行の概念が生まれ，そこで行う幾何学が平面ユークリッド幾何学となる．この意味で射影幾何学はユークリッド幾何学を含んでいるといえる(大部，位相的観点に立って眺めているが)．

ここで射影平面の Euler 指標を求めておこう．

例 173　射影平面 $\boldsymbol{R}P_2$ に位相同型な3角形分割された有限多面体として下図をとる

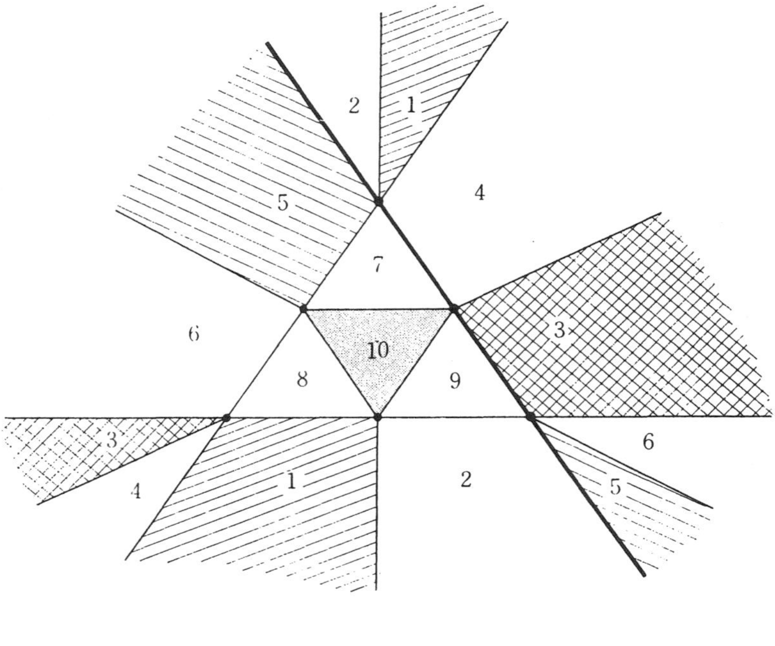

(説明なしであるが，何とかしてこれが射影平面であると理解して欲しい．太線の部分が２重「ふち」の部分に相当していると思ってみるとよい)．このとき，頂点の数＝6，稜の数＝15，面の数＝10であるから，Euler 指標は

$$\chi(\boldsymbol{R}P_2)=6-15+10=1$$

である．

つぎの例は，射影平面と Möbius の帯との関係を示す重要な性質である．

例 174 射影平面 $\boldsymbol{R}P_2$ から１点 a を除いた図形は「ふち」のない Möbius の帯である：

$$\boldsymbol{R}P_2-\{a\}\cong \text{「ふち」のない Möbius の帯}$$

これをつぎのようにして理解しよう．射影平面 $\boldsymbol{R}P_2$ は球面 S^2 の向い合った２点を同一視した図形である(例170)ことに注意すると，$\boldsymbol{R}P_2-\{a\}$ は球面 S^2 から２点を除いた図形(これは「ふち」のない円柱側面である(例9))の向い合った２点を同一視した図形である．だから円柱側面の半分を残りの半分にくっつけて半分の円柱側面をつくり，その「ふち」を斜めにくっつけると「ふち」なし Möbius の帯となるだろう．

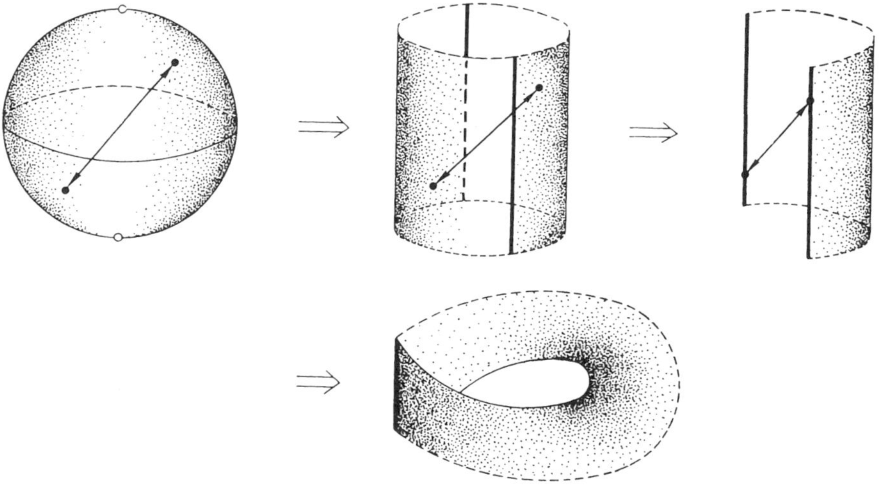

つぎの例は射影平面と関係ないが，考え方が例168と似ているのでここであげておく．

例 175　Xを平面 $\boldsymbol{R}^2$ における有向線分全体の集合とする．2つの有向線分 $\vec{\boldsymbol{a}}$ と $\vec{\boldsymbol{b}}$ は，向きと長さが同じであるとき同値であると定義すると，この関係$\sim$はXに同値関

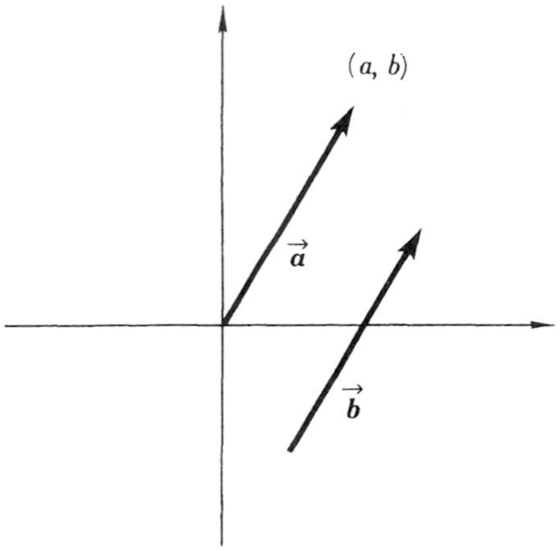

係をみたす．このときの等化集合 $X/\sim$ の元を(2次元)**ベクトル**という．さて，この等化図形 $X/\sim$ は無限に延びた円柱側面 $S^1\times\boldsymbol{R}$ (例144)に位相同型である：

$$X/\sim\ \cong S^1\times\boldsymbol{R}$$

実際，向きも長さも同じ有向線分の中には，始点が原点である有向線分がちょうど1本含まれているので

$$X/\sim\ =\{\text{始点が原点である有向線分}\}$$

となる．つぎに，始点が原点である有向線分 $\vec{\boldsymbol{a}}$ に，その矢印の先端の点 (a,b) を対応させることによって，始点が原点である有向線分全体の集合 は $\boldsymbol{R}^2-\{0\}$ とみなすことができる．したがって

$$X/\sim\ =\boldsymbol{R}^2-\{0\}\cong S^1\times\boldsymbol{R}\quad(\text{例}144)$$

となる．実際にベクトルを用いるときには，$X/\sim$ に(有向線分でないけれども)零ベクトルと名付ける1点 $\boldsymbol{0}$ つけ加えて，$X/\sim\cup\{\boldsymbol{0}\}=\boldsymbol{R}^2$ としておく方がむしろ普通である．

(4) 連結和

球面やトーラスや射影平面などの曲面から，連結和という操作によって，新しい曲面をつくることを考えよう．

定義 2つの曲面 X, Y からそれぞれ（小さい）円板を取り除いて穴をあけ，その穴に円柱側面をはめ込んで結んでできる曲面を $X \# Y$ とかき，X と Y の**連結和**という．

例 176 2つの球面 S^2 の連結和は再び球面 S^2 である：　$S^2 \# S^2 \cong S^2$

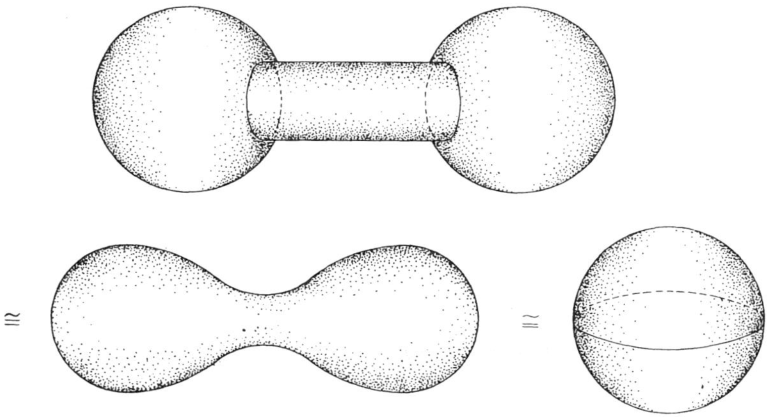

例 177 球面 S^2 とトーラス T の連結和はトーラス T である：　$S^2 \# T \cong T$

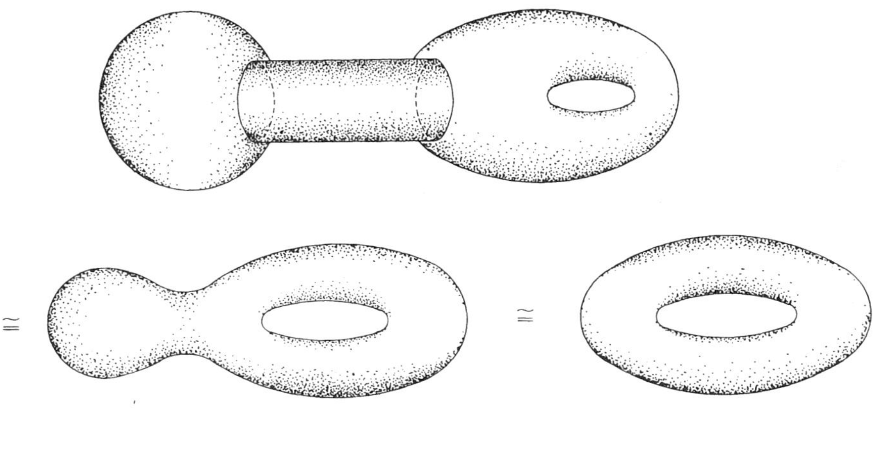

一般に，曲面Xに球面 S^2 を連結和しても変らないことがわかる：

$$X\# S^2\cong X$$

例 178　2つのトーラスTの連結和は2人乗りのトーラス T_2 である：

$$T\# T\cong T_2$$

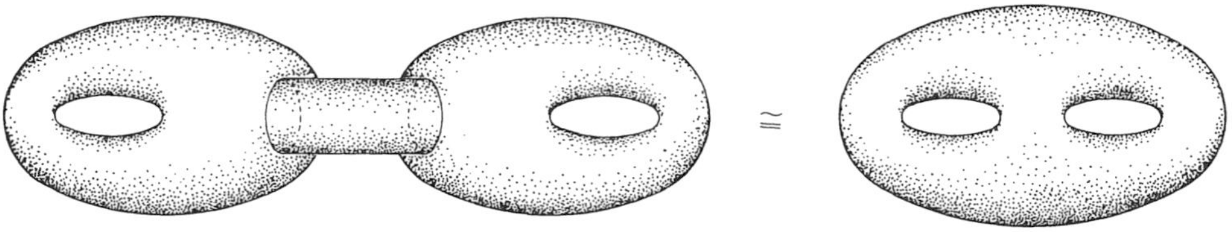

さらに，g 人乗りのトーラス T_g はg 個のトーラスTの連結和である：

$$T_g\cong T\# T\#\cdots\# T$$

球面 S^2 やトーラスTや射影平面 $\boldsymbol{R}P_2$,さらにそれらの連結和として得られる曲面のように,「ふち」のないコンパクトな曲面を**閉曲面**という．（これに反して，円板や円柱側面や Möbius の帯は，**境界のある曲面**とよばれている）．さて，任意の閉曲面は，(球面 S^2 と)トーラスTや射影平面 $\boldsymbol{R}P_2$ をいくつか連結和することによって得られることが知られている．たとえば，Klein の壺は2つの射影平面 $\boldsymbol{R}P_2$ の連結和になっている：

$$\text{Klein の壺}\cong\boldsymbol{R}P_2\#\boldsymbol{R}P_2$$

このような意味からも，球面,トーラス,射影平面が基本的な重要な曲面であるといえるだろう．

連結和の Euler 指標に関してつぎの命題がなりたつ．

命題 179　X, Y を曲面とするとき，それらの連結和の Euler 指標は

$$\chi(X\# Y)=\chi(X)+\chi(Y)-2$$

で与えられる．

証明　曲面 X, Y をともに3角形分割し，X, Y からそれぞれ1つの3角形板を抜いて，そこに次頁の図のように3角形柱面をはめこんで，$X\# Y$ を多面体分割する．このとき，$X\# Y$ の頂点,稜,面の数はXとYのそれらよりも

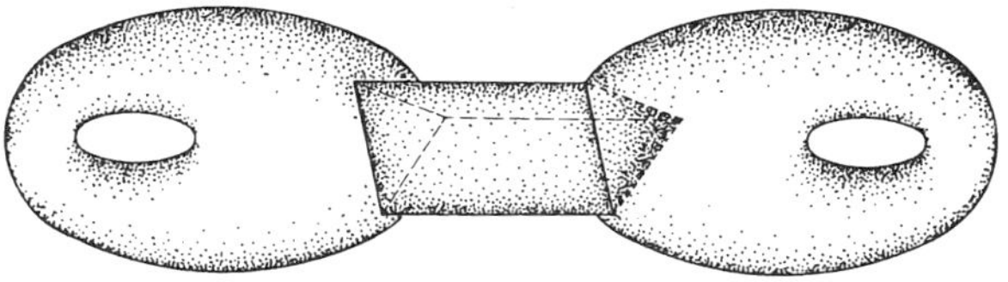

頂点の数は変らない
稜の数は 3 本増えている
面の数は(2 つ減り，新たに 3 つ増えて) 1 つ増えている

したがって

$$\chi(X \# Y)=\chi(X)+\chi(Y)+0-3+1$$
$$=\chi(X)+\chi(Y)-2$$

となる.

例 180 g 人乗りのトーラスの Euler 指標は $-2(g-1)$ である．実際，トーラス T の Euler 指標は 0 である：$\chi(T)=0$ (例136)ことを用いると

$$\chi(T \# \cdots \# T)=\chi(T)+\cdots+\chi(T)-2(g-1)=-2(g-1)$$

である.

例 181 g 個の射影平面 $\boldsymbol{R}P_2$ の連結和の Euler 指標は $2-g$ である．実際，射影平面の Euler 指標は 1 である：$\chi(\boldsymbol{R}P_2)=1$ (例173)ことを用いると

$$\chi(\boldsymbol{R}P_2 \# \cdots \# \boldsymbol{R}P_2)=\chi(\boldsymbol{R}P_2)+\cdots+\chi(\boldsymbol{R}P_2)-2(g-1)$$
$$=g-2(g-1)=2-g$$

である．特に Klein の壺$\cong \boldsymbol{R}P_2 \# \boldsymbol{R}P_2$ の Euler 指標は 0 である.

第6章　その他2，3の話題

§1　Browerの不動点定理

Xを図形とし，$f: X \to X$ を連続写像とする．Xのある点aが

$$f(a)=a$$

をみたしているとき，fは**不動点**aをもつという．

例182　空間 $\boldsymbol{R}^3$ において，原点を中心とする半径1の球面を S^2 とし，この球面

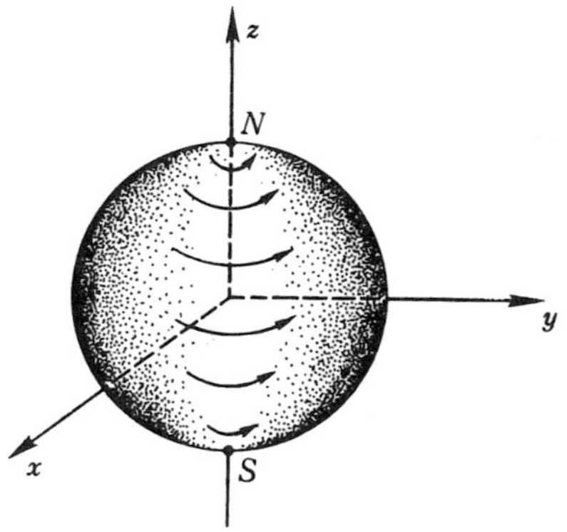

をz軸の周りにある角度αだけ回転する写像 $f: S^2 \to S^2$ を考えよう．このとき，球面の北極点Nと南極点Sはfの不動点になっており，かつfの不動点はこの2点しかない．

例183　平面 $\boldsymbol{R}^2$ において，平行移動

$$f: \boldsymbol{R}^2 \to \boldsymbol{R}^2$$
$$f(x, y)=(x+p,\ y+q)$$

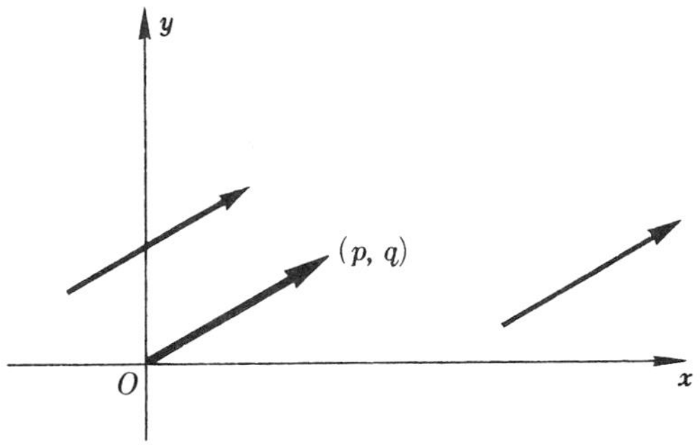

は不動点を持たない．一方，回転

$$f: \boldsymbol{R}^2 \to \boldsymbol{R}^2$$
$$f(x, y) = (x \cos\theta - y \sin\theta,\ x \sin\theta + y \cos\theta)$$

は原点Oを不動点にもっている．

さて，連続写像 $f: X \to X$ が与えられたとき，その f が不動点をもつかどうかが数学ではしばしば重要になる．そして，不動点定理とよばれる定理がいくつかあるうちで，つぎに述べる Brower（ブローエル）の不動点定理が歴史も古く有名なものである．

定理 184　I を閉区間 $[0, 1]$ とし，$f: I \to I$ を連続写像とすると，f は（少なく

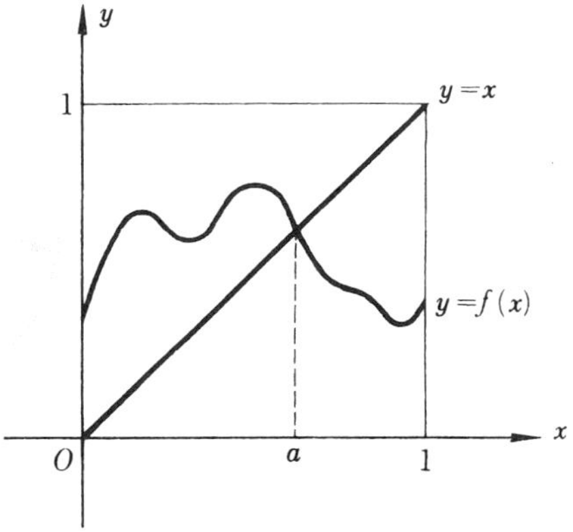

とも１つ）不動点をもつ．

証明　写像 f のグラフ† を描くとき，まず f が I から I への写像であるから，f のグラフは正方形板 $I\times I$ の中にある．つぎに f が連続写像であるから，f のグラフは弧状連結になっている．これらのことから，このグラフは直線 $y=x$ と必ず交わる．その交点の x 座標の１つを a とすると，$f(a)=a$ となっている．すなわち a は f の不動点である．

この事実は２次元に（さらにもっと高次元にも）拡張されるのであるが，その証明は定理 184 のように簡単ではない．２次元のときを示すために，つぎの補題を用意しておく．

補題 185　V^2 を円板とし，S^1 をその「ふち」の円とするとき，S^1 の各点を不動にする連続写像 $g:V^2\to S^1$ は存在しない．

この補題の内容を位相幾何学では，S^1 は V^2 の**レトラクト（縮体）でない**といっている．さて，この補題の証明であるが，普通，ホモロジー群やホモトピー群または K 群を用いるので，ここで省略せざるを得ないが，その感じを述べるとつぎのようになる．S^1 が V^2 のレトラクトであるとは，V^2 が S^1 に押しつぶせるという感じであるが，１点に縮まる円板 V^2（例16）が１点に絶対縮まらない円 S^1（例131）に押しつぶすことができないだろうという感じである．

定理 186（**Brower**）　V^2 を円板とし，$f\colon V^2\to V^2$ を連続写像とするとき，f は（少なくとも１つ）不動点をもつ．

証明　背理法によって証明しよう．もし写像 f が不動点をもたないとすると，V^2 の各点 x に対して x と $f(x)$ は異っている．だから $f(x)$ と x を直線 $\overrightarrow{f(x)x}$ で結ぶことができるが，その直線が V^2 の「ふち」である円 S^1 と交わる点を $g(x)$ とする．このとき，S^1 の点 x に対しては $g(x)=x$ となっていることに注意しよう．このようにすると，S^1 の各点 x を不動にする連続

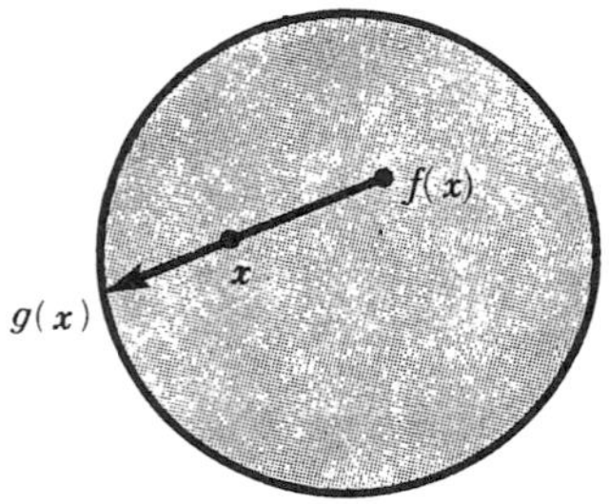

† 写像 $f\colon X\to Y$ のグラフとは，$X\times Y$ の部分集合 $\{(x, f(x))\mid x\in X\}$ のことである．

写像 $g: V^2 \to S^1$ ができたが，これは補題185に矛盾している．これで定理が証明された．

このBrowerの不動点定理186についての面白い説明方法があるので紹介しておこう．

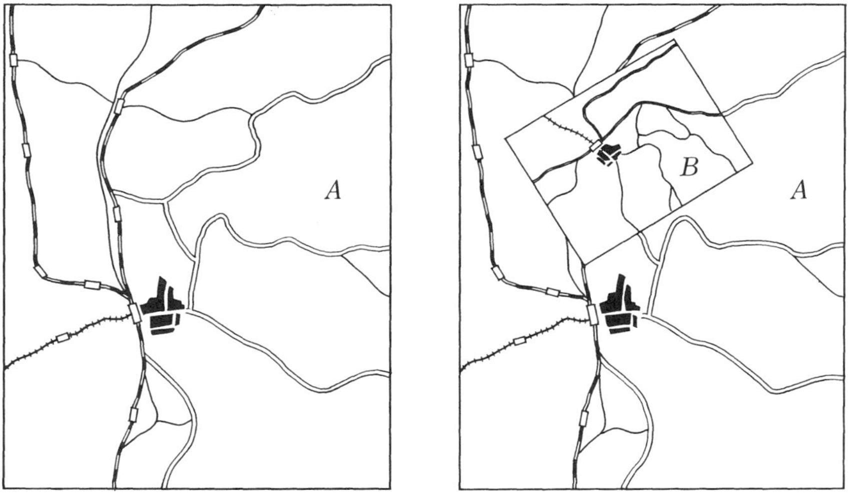

上記の右図は，左の地図Aを勝手の大きさに縮小して地図A上に重ね合せたものである．このときA図の各点は縮小された地図Bの点に対応しているが，このように重ね合せたときAとBの対応する点で上下でぴったし合致する点があるという．それは，AをBに縮小することは連続写像 $f: A \to A$ $(f(A)=B)$ であるから，$f(p)=p$ となる点pが存在することを不動点定理188が教えるからである．(定理186における円板V^2の代りにこの場合は長方形の地図になっているが，それでも差しつかえない)．実はBrowerの不動点定理はもっと強いことを主張しているのである．すなわち地図Aを連続的に変形することを許している．だから地図Aをグシャグシャに丸めて(ただし破

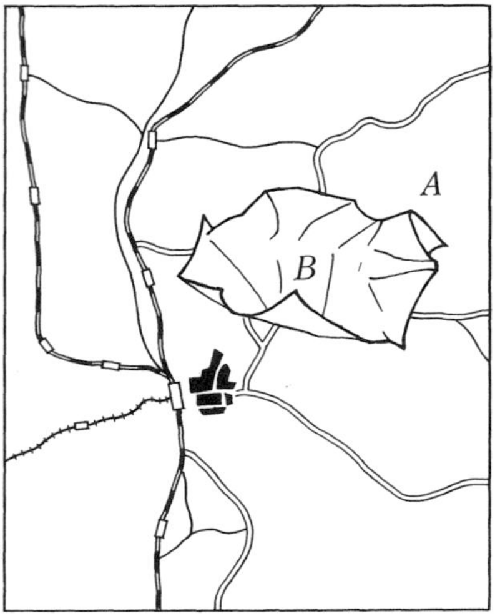

ったり切ったりしてはいけない）それを A に重ねてもやはり A, B の同一地点を表わす点で上下ぴったし一致している地点が必ず存在しているのである．

§2 Jordan 曲線定理

定理 187 (**Jordan**（ジョルダン））平面 $\boldsymbol{R}^2$ の単一閉曲線(自分自身で交わらない閉曲線のこと)は，その平面を内部と外部の 2 つの部分に分ける．

これは次頁の左図を見ている限りでは自明であろうが，次頁の右図になるともはや自明というわけにいかないであろう．

この定理は，Jordan が有名な「Cours d'Analyse」に発表したもので，その証明を Jordan が与えたのであったが，難解なものであり，また必ずしも完全なものであるといえないようであった．しかし，たとえ自明と思える命題であっても厳密に証明することの必要性と困難さを数学者に知らしめたという意味において，特に有名な定理となっている．なお，この定理はその内容から明らかなように位相の問題であって，その証明も，曲線の写像度を用いる方法はじめ，幾通りもの方法が考えられている．

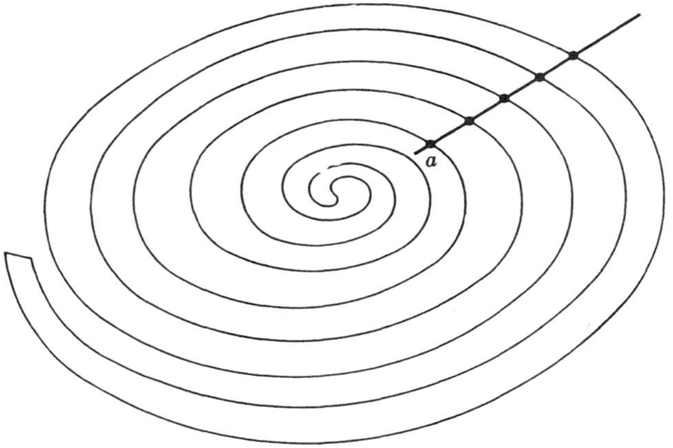

もちろん，この証明をここでかくことはできない．

最後に，平面 $\boldsymbol{R}^2$ 上の点 a が曲線の内部にあるか外部にあるかの判定法を述べておこう．点 a からある方向に半直線を引き，その半直線が曲線と交わる点の数が奇数(接するときには交点の数は2個であると数える)であるときには，a は曲線の内部にあり，偶数のときには a は曲線の外部にある．

§3 ベクトル場

図形 X の各点 x に(零ベクトルでない)接線ベクトルを連続的に引く問題を考えよう．もし図形 X にそのような接線ベクトルを連続的に引くことができるならば，X は**連続なベクトル場**をもつという．いつものように，接線ベクトルとは何かとか，連続的に接線ベクトルを引くとはどういうことかということが問題になるのであるが，これらは定

義なしにして，つぎの例からその感じをつかむことにしよう．

例 188　円 S^1 は連続なベクトル場をもっている．それは円 S^1 の各点に右図のような接線ベクトルを引くとよいからである．

例 189　トーラスは連続なベクトル場をもつ．それはトーラスの各点に左図のような接線ベクトルを引くとよいからである．また下の図からわかるように，ベクトル場の作り方は決して一通りではない．

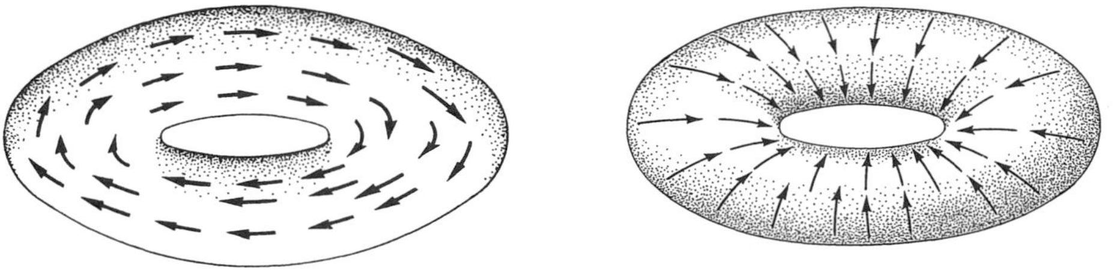

ベクトル場に関してつぎの定理がある．なお図形に接線を引こうとするのであるから，図形に尖った箇所があると困るので，球やトーラスのような滑らかな図形のみを対象にしているのである．

定理 190（**Poincaré-Hopf**（ポアンカレ-ホップフ））　滑らかな図形 X が連続なベクトル場をもつならば，X の Euler 指標は 0 である：$\chi(X)=0$.

例 191　球面 S^2 は連続なベクトル場をもたない．実際，S^2 の Euler 指標は $\chi(S^2)=2$ であって（定理 123）0 でないからである（定理 190）．つぎの図はいずれも球面に連続なベクトル場をつくろうとしたものであるが，どうしても特異な点が 2 箇所は現われてくることを示している．

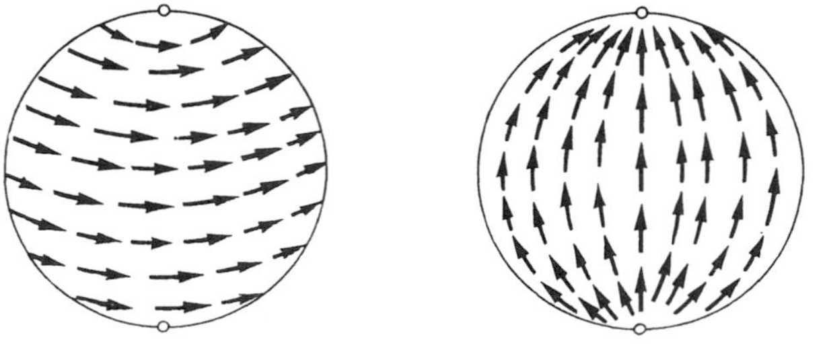

円やトーラスのように，連続なベクトル場をもつ図形はそれなりに素直な性質をもった図形と思えるし，一方，円板や球面のように連続なベクトル場をもたなくてもわれわれは何ら困らないのである．むしろ，数学者はこれを逆用して，ベクトルの引けない特異点の附近の状態を調べることによって，図形の位相的な性質を知ろうとするのである．Poincaré や Hopf の着想もそこにあり，またさきに述べた Morse 理論も同じような思想に基づいている．

§4 方向付け

前節で，図形 X の各点に接線ベクトルを連続的に引けるかどうかを問題にしたが，ここでは図形Xの各点に（零ベクトルでない）法線ベクトルを連続的に立てられるかどうかの問題を考えてみよう．もし図形Xにそのような法線ベクトルを連続的に立てることができるならば，X は**連続な法線ベクトル場をもつ**という．図形に法線ベクトルを立てるのであるから，まず図形は滑らかな図形でなければならないし，それよりも，この問題は図形自身の性質ではなくて，図形がユークリッド空間$\boldsymbol{R}^n$にはいっている状態にも関係しているのである．しかし詳しいことは省略して，つぎの例をみて直感的に理解することにしよう．

例 192 平面 $\boldsymbol{R}^2$ の中の円 S^1 は連続な法線ベクトル場をもっている．それは円 S^1 の各点に下図のような法線ベクトルを立てるとよいからである．

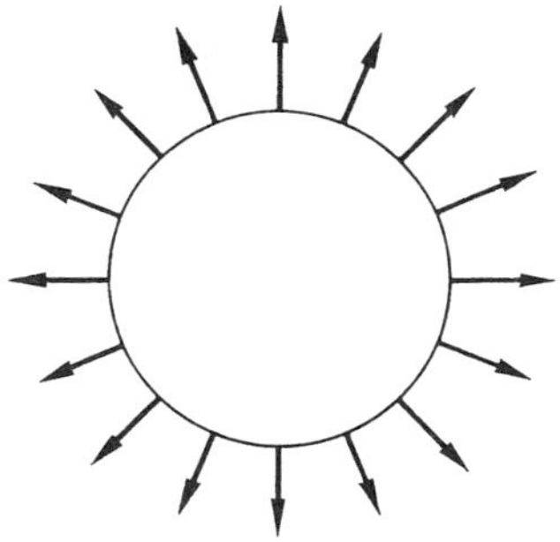

例 193 空間 $\boldsymbol{R}^3$ の中の球面 S^2 およびトーラス Tは連続な法線ベクトル場をもって

いる．次の図はいずれも連続な法線ベクトルの例である．

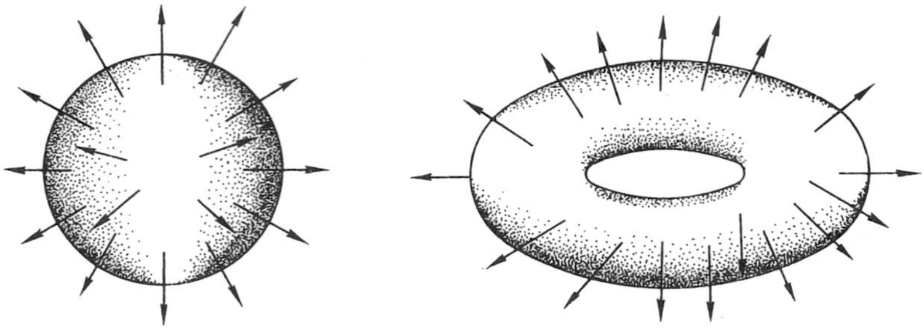

例 194　空間 $\boldsymbol{R}^3$ の中の円柱側面は連続な法線ベクトル場をもっている．しかし空間 $\boldsymbol{R}^3$ の Möbiusの帯は連続な法線ベクトルをもたない．それは，Möbius の帯上の1点 a に法線ベクトルを1本立て，その法線ベクトルを連続的に動かして Möbius の帯の

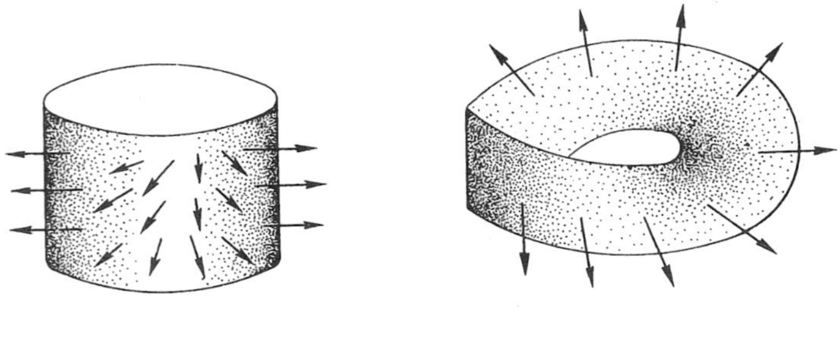

上を1周して a に戻ると，ベクトルの方向が逆になってしまうからである．

図形に連続な法線ベクトル場が立てられるとき，その図形は**方向付け可能**であり，そうでなければ**方向付け不可能である**という．これによると，例 192 の円，例 193 の球面，トーラス および 例 194 の円柱側面はいずれも方向付け可能な図形であり，一方，例 194 の Möbius の帯は方向付け不可能な図形であるというわけである．

図形の方向付けの定義を法線ベクトル場で与えようとすると，その図形を空間 $\boldsymbol{R}^3$ の中への埋め込み方が問題になっている（射影平面のように空間 $\boldsymbol{R}^3$ の中へ絶対埋め込むことのできない図形もあった（例170））ので，その定義の仕方はよい方法であるとはいえない．そこで方向付けを図形自身の性質から定義するために，（曲面を例にとって）つぎのように考えることにしよう．

曲面の各点に立てられた法線ベクトルの根元に，ネジの進む方向に図形上に丸い矢印をかくことにする(下図参照)．このように考えると，図形上に連続な法線ベクトル

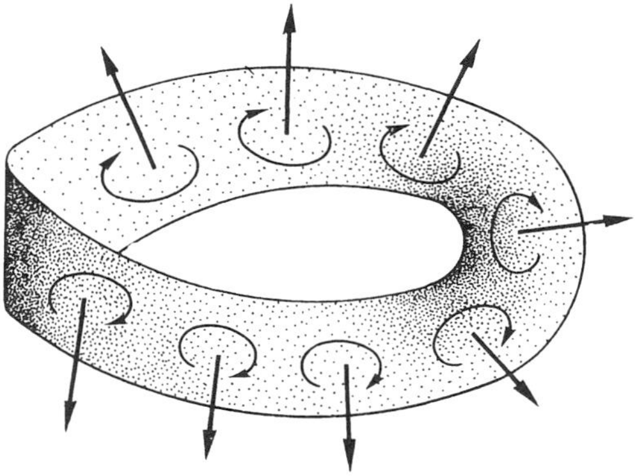

場が立てられることと，図形上に描かれた丸い矢印が連続的に描けるということとが対応することがわかるであろう．たとえば Möbius の帯では，丸い矢印を図形上を一周させると矢印の向きが逆になってしまう．このことから曲面の方向付けの定義をつぎのように与えるとよいことがわかるであろう．

定義　曲面 A に位相同型な 3 角形分割された有限多面体をつくる．そして，その各 3 角形に丸い形の矢印を付け，3 角形の共通の稜の所での矢印の方向が逆になるようにできるならば(例 195,196 の図参照)，曲面 A は**方向付け可能**であるといい，そうでないとき**方向付け不可能**であるという．

例 195　球面 S^2 は方向付け可能な曲面である．実際，球面に位相同型な 3 角形分割された有限多面体として 4 面体の表面をとり，右図のように各 3 角形を方向付けるとよい．

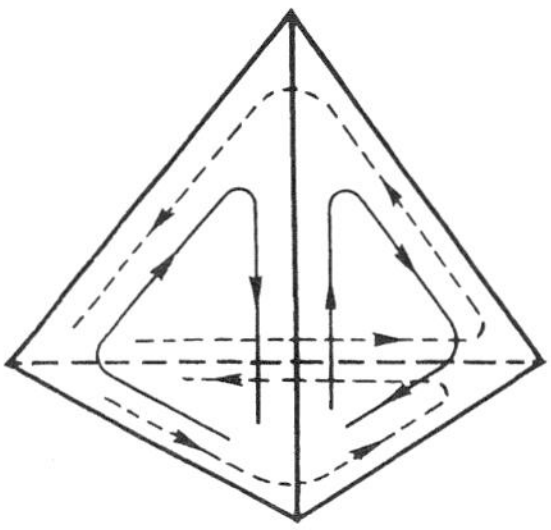

例 196　円柱側面は方向付け可能な曲面であり，

Möbius の帯は方向付け不可能な曲面である．それはつぎの図より明らかであろう．

例 197 射影平面は方向付け不可能な曲面である．それを下図のような 3 角形分割された有限多面体を用いて各自確かめて下さい．

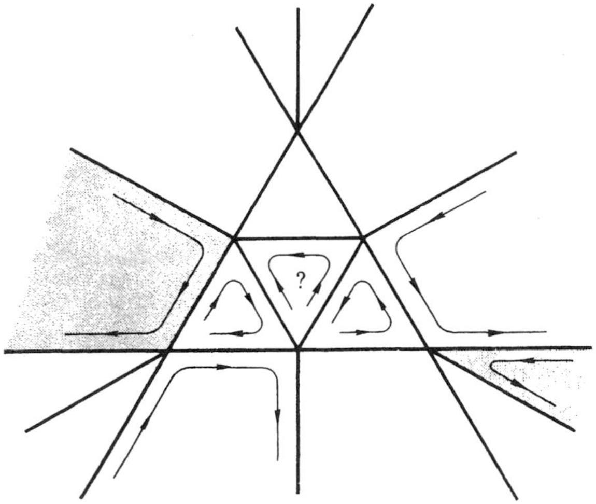

ここでつぎの定理を認めることにしよう．

定理 198 図形の方向付け可能かどうかは位相不変量である．したがって 2 つの曲面 A, B に対して，Aが方向付け可能で，Bが方向付け不可能ならば，AとBは位相同型になり得ない：　$A \not\cong B$.

例 199 円柱側面と Möbius の帯は位相同型でない．実際，円は方向付け可能であり(例 196)，Möbius の帯は方向付け不可能であるからである (定理 198).

§5 図形上の曲線

球面 S^2 とトーラス T が位相同型でないことを示すのに，4章では Euler 指標が異なっていること を利用した．ここでは Euler 指標とは違った観点に立ってこの別証

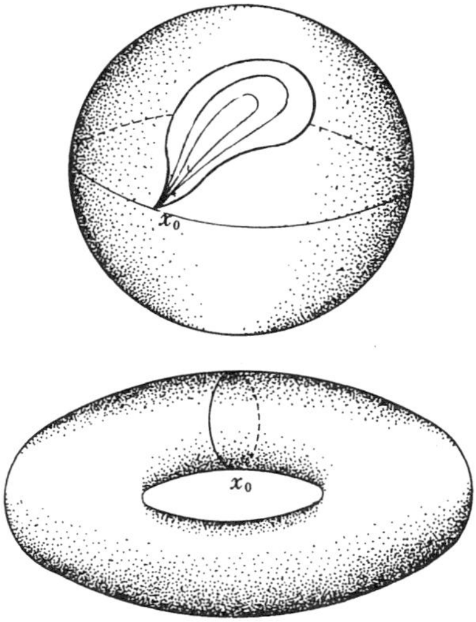

明をしてみよう．それはホモトピーという考え方であって，位相幾何学での非常に重要な基本概念となっている．

球面 S^2 を考え，球面上のどこでもよいから1点 x_0 をとり固定しておく． さて点 x_0 を出発して x_0 に戻る閉じた曲線(これを x_0 を基点とする閉曲線という)を描くとき，その曲線は x_0 を固定したままで連続的に球面上を動かすと， 次第に小さい曲線に縮まり， 遂には1点 x_0 になってしまう．この状態は， 球面上に1点 x_0 で固定したゴム輪を張って手を離した状態を想像すると理解し易いと思う．

一方トーラス T を考えよう．トーラス上に1点 x_0 をとり，x_0 を基点とする閉曲線をトーラス上に描くとき， その曲線は必ずしも1点 x_0 に縮まるとは限らない． た

とえば前頁下の右図のようなトーラスにひっかかった閉曲線は，横にずらしてもひっぱっても絶対に１点に縮まらない.

上に述べた図形上に描かれた閉曲線の異なる動向は，球面とトーラスが位相同型でない（さらにホモトピー同型でない）という理由付けになっているのである．与えられた図形の性質を調べるために，その図形上に描かれた(点 x_0 を基点とする)閉曲線の位相的な行動を調べようとするのは Poincaré の発想であり， Poincaré は図形に基本群と名付ける群を対応させることを考え出した． この基本群はHurewiz (フレヴィッ)によりホモトピー群に拡張され， これらは位相幾何学の研究のため主要武器となったのである.

付　録

本文では話をやさしくするために，やむを得ず厳密性を無視した所もあったので，付録でこれを補うことにしよう．位相幾何学を学ぶにはまず位相空間論から始めるのが普通であるが，本書では話が抽象的にならないようにしたためにこのような順になってしまった．

位　相　空　間

本文の３章で，ユーリッド空間 $\boldsymbol{R}^n$ $(n=1,2,3)$ に開集合を定義して $\boldsymbol{R}^n$に位相を与えたが，ここではもっと抽象化された距離空間，さらに一般の位相空間について述べよう．そしてコンパクトと弧状連結が位相不変量である(本文定理57)ことを証明するのを目的とすることにする．

§1　距離空間

位相空間を定義する前に，その特別の場合である距離空間についてまず説明しておこう．球面，トーラス，射影空間など，位相幾何学で取り扱う重要な図形はほとんど距離空間である．

(1)　距離空間

定義　集合 X の任意の２つの点 x, y に対して実数 $d(x,y)$ が１意に定まり，つぎの４つの条件

(1)　$d(x,y)\geqq 0$

(2)　$d(x,y)=d(y,x)$　　　　**(対称関係)**

(3)　$d(x,y)\leqq d(x,z)+d(z,y)$　　　　**(三角不等式)**

(4)　$d(x,y)=0 \iff x=y$

をみたすとき，X を(距離 d に関する)**距離空間**という．

例１　実数全体の集合 $\boldsymbol{R}$ において，２点 x, y の距離を

$$d(x,y)=|x-y|$$

と定義すると，$\boldsymbol{R}$ は距離空間になる．同様に，複素数全体の集合 $\boldsymbol{C}$ において，2点 x，y の距離を上記と同じ式で(もちろん絶対値は複素数の絶対値の意味である)定義すると，$\boldsymbol{C}$ は距離空間になる．

例2　n 次元実ベクトル

$$\boldsymbol{x}=(x_1, \cdots, x_n) \qquad x_i \in \boldsymbol{R}$$

全体の集合 $\boldsymbol{R}^n$ において，2点 $\boldsymbol{x}=(x_1, \cdots, x_n)$，$\boldsymbol{y}=(y_1, \cdots, y_n)$ の距離を

$$d(\boldsymbol{x}, \boldsymbol{y})=\sqrt{\sum_{i=1}^{n}(x_i-y_i)^2}$$

と定義すると，$\boldsymbol{R}^n$ は距離空間になる．$\boldsymbol{R}^n$ にこのような距離を与えたとき，$\boldsymbol{R}^n$ を **n 次元ユークリッド空間**という．例1の $\boldsymbol{R}$ は $n=1$ の特別の場合であり，したがって $\boldsymbol{R}$ は1次元ユーリッど空間というべきであるが，本書では今まで直線とよんできた．

つぎの補題は明らかである．

補題3　距離空間 X の部分集合 A は，2点 $a, b \in A$ の距離 $d(a, b)$ として X の距離 $d(a, b)$ をそのまま用いると，距離空間になる．

例4　$\boldsymbol{R}^{n+1}$ $(n \geqq 0)$ の部分集合

$$S^n=\{\boldsymbol{x}=(x_1, \cdots, x_{n+1}) \in \boldsymbol{R}^{n+1} \mid \|\boldsymbol{x}\|=\sqrt{x_1{}^2+\cdots+x_{n+1}{}^2}=1\}$$

を **n 次元単位球面**，または単に**球面**という．球面 S^n は距離空間 $\boldsymbol{R}^{n+1}$ (例2)の部分集合として距離空間である(補題3)．

定義　X, Y を距離空間とする．直積集合 $X \times Y$ の2点 (x, y)，(x', y') の距離を

$$d((x, y), (x', y'))=\sqrt{(d(x, x'))^2+(d(y, y'))^2}$$

と定義すると，$X \times Y$ は距離空間になる．この距離空間 $X \times Y$ を X と Y の**直積距離空間**という．さらに一般に，距離空間 $X_1, \cdots, X_n$ の直積集合 $X_1 \times \cdots \times X_n$ の2点 $(x_1, \cdots, x_n)$，$(x_1{}', \cdots, x_n{}')$ の距離を

$$d((x_1, \cdots, x_n), (x_1{}', \cdots, x_n{}'))=\sqrt{\sum_{k=1}^{n}(d(x_k, x_k{}'))^2}$$

でいれて，直積距離空間 $X_1 \times \cdots \times X_n$ を定義することができる．

例5　m 次元ユークリッド空間 $\boldsymbol{R}^m$ と n 次元ユークリッド空間 $\boldsymbol{R}^n$ の直積距離空間 $\boldsymbol{R}^m \times \boldsymbol{R}^n$ は $m+n$ 次元ユークリッド空間 $\boldsymbol{R}^{m+n}$ である：

$$\boldsymbol{R}^m \times \boldsymbol{R}^n=\boldsymbol{R}^{m+n}$$

特に n 次ユークリッド空間 $\boldsymbol{R}^n$ は n 個の1次元ユークリッド空間 $\boldsymbol{R}$ の直積距離空間 $\boldsymbol{R}\times\cdots\times\boldsymbol{R}$ である．

例6　n 個の1次元単位球面 S^1（これは距離空間であった(例4)）の直積距離空間 $S^1\times\cdots\times S^1$ を **n 次元トーラス**という．当然ながら，n 次元トーラスは距離空間である．

定義　距離空間 X の部分集合 A に対して，ある点 $x_0\in X$ とある正数 $r>0$ が存在して

$$a\in A \quad ならば \quad d(a,x_0)\leqq r$$

となっているとき，A は**有界**であるという．

例7　n 次元単位球面 S^n は有界である．実際，原点 $\mathbf{0}\in\boldsymbol{R}^{n+1}$ と正数1に対して

$$\boldsymbol{a}\in S^n \quad ならば \quad d(\boldsymbol{a},\mathbf{0})=\|\boldsymbol{a}\|=1$$

となっているからである．

(2)　距離空間における開集合

定義　X を距離空間とする．

(1)　点 $a\in X$ と正数 $\varepsilon>0$ に対して，X の部分集合

$$U_\varepsilon(a)=\{x\in X\mid d(x,a)<\varepsilon\}$$

を a の **ε-近傍**という．

(2)　X の部分集合 A の点 a に対して，$U_\varepsilon(a)\subset A$ となる a の ε-近傍が存在するとき，a は A の**内点**であるという．A の内点全体の集合を A の**内部**といい，$\mathrm{Int}\,(A)$ で表わす．

(3)　X の部分集合 O に対して，その内部 $\mathrm{Int}\,(O)$ が O 自身である：$\mathrm{Int}\,(O)=O$ とき，O は X の**開集合**であるという．すなわち O が X の開集合であるとは，O の各点 a に対して，$U_\varepsilon(a)\subset O$（$\varepsilon$ は a に関係してよい）をみたす正数 ε が存在することである．

つぎの定理は基本的であるが，その証明は容易である．

定理8　距離空間 X の開集合に関してつぎの(1),(2),(3)がなりたつ．

(1)　X および空集合 ϕ は X の開集合である．

(2)　O_1, O_2 が X の開集合ならば $O_1\cap O_2$ も X の開集合である．

(3)　$O_\lambda,\ \lambda\in\Lambda$ が X の開集合ならば $\bigcup_{\lambda\in\Lambda}O_\lambda$ も X の開集合である．

(3)　距離空間における閉集合

定義　距離空間 X の部分集合 F が，X のある開集合 O の補集合になっているとき，

すなわち

$$F = X - O \qquad O\text{はXの開集合}$$

と表わされるとき，F は X の**閉集合**であるという．

集合 F が閉集合であるかどうかを確かめるには，つぎに述べる収束のことを用いるのが実際的である．

定義　X を距離空間とする．X の点列 $x_1, x_2, \cdots, x_n, \cdots$ と X の点 x に対して $\lim_{n\to\infty} d(x_n, x) = 0$ がなりたつとき

$$\lim_{n\to\infty} x_n = x$$

とかき，点列 $x_1, x_2, \cdots, x_n, \cdots$ は点 x に**収束する**という．($\lim_{n\to\infty} d(x_n, x) = 0$ とは，任意の正数 $\varepsilon > 0$ に対して自然 N が存在し

$$n > N \quad \text{ならば} \quad d(x_n, x) < \varepsilon$$

がなりたつことである).

命題 9　距離空間 X の部分集合 F が X の閉集合であるための必要十分条件は，F がつぎの条件をみたすことである．X の点 x に対して，x に収束する F の点列 $x_1, x_2, \cdots, x_n, \cdots$ があるならばつねに $x \in F$ となるとき，すなわち

$$\lim_{n\to\infty} x_n = x \quad (x_1, x_2, \cdots, x_n, \cdots \in F) \quad \text{ならば} \quad x \in F$$

がなりたつことである．

証明　**必要性**　F が X の閉集合であるのに，ある点列 $x_1, x_2, \cdots, x_n, \cdots \in F$ があって，$\lim_{n\to\infty} x_n = x$ であるが，$x \notin F$ になったとしよう．このとき $x \in X - F$ であり，$X - F$ は X の開集合である．だから x のある ε-近傍 $U_\varepsilon(x)$ が存在して $U_\varepsilon(x) \subset X - F$ となる．これより $U_\varepsilon(x) \cap F = \phi$ となるが，これは $\lim_{n\to\infty} x_n = x$ に矛盾しているのである．実際，$\lim_{n\to\infty} x_n = x$ であるから，上記の ε に対して n を十分大きくすると $d(x_n, x) < \varepsilon$，すなわち $x_n \in U_\varepsilon(x)$ となる．$x_n \in F$ であるから $x_n \in F \cap U_\varepsilon(x)$ となり $F \cap U_\varepsilon(x) = \phi$ に反する．この矛盾は $x \notin F$ とした所から生じたので $x \in F$ が示された．

十分性　F が命題の条件をみたしているのに F が X の閉集合でないとしよう．このとき $X - F$ は X の開集合でない．したがって $X - F$ のある点 x に対しては，x のどんな ε-近傍 $U_\varepsilon(x)$ をとっても $U_\varepsilon(x) \cap F \neq \phi$ となっている．いま $\varepsilon = \dfrac{1}{n}(n = 1, 2,$

3, …) にとるとき, $U_{1/n}(x)\cap F\neq\phi$ であるから$U_{1/n}(x)\cap F$ の点 x_n を1つ選ぶ. このようにして選んだFの点列 $x_1, x_2, \cdots, x_n, \cdots$ は $d(x_n, x)<\frac{1}{n}$をみたしているから $\lim_{n\to\infty} d(x_n, x)=0$, すなわち $\lim_{n\to\infty} x_n=x$ である. すると仮定より $x\in F$ となるが, これは $x\in X-F$ に反している. よってFはXの閉集合である.

(4) 距離空間における連続写像

定義 X, Y を距離空間とし, $f\colon X\to Y$ を写像とする. Xの任意の点xに対し, xに収束するいかなる点列 $x_1, x_2, \cdots, x_n, \cdots$ をとっても点列 $f(x_1), f(x_2), \cdots, f(x_n), \cdots$ が $f(x)$ に収束するとき, すなわち

$$\lim_{n\to\infty} x_n=x \quad \text{ならば} \quad \lim_{n\to\infty} f(x_n)=f(x)$$

をみたすとき, 写像fは**連続**であるという.

つぎの命題は連続写像のいま1つの定義を与えている.

命題10 X, Y を距離空間とする. 写像 $f\colon X\to Y$ に対してつぎの3つの条件は同値である.

(1) fは連続である.

(2) Yの任意の閉集合Fに対して $f^{-1}(F)$ はXの閉集合である.

(3) Yの任意の開集合Oに対して $f^{-1}(O)$ はXの開集合である.

証明 (1)⇒(2) fが連続であるとし, FをYの閉集合とする. $f^{-1}(F)$ の点列 $x_1, x_2, \cdots, x_n, \cdots$ が $\lim_{n\to\infty} x_n=x$ とすると, fが連続であるから $\lim_{n\to\infty} f(x_n)=f(x)$ となる. しかるに $f(x_n)\in F$, $n=1, 2, \cdots$ であり, FはYの閉集合であるから $f(x)\in F$ となる(命題9). よって $x\in f^{-1}(F)$ となり, $f^{-1}(F)$ がXの閉集合であることが示された.

(2)⇒(3) OをYの開集合とすると, $Y-O$ はYの閉集合となるから, 条件(2)より $f^{-1}(Y-O)$ はXの閉集合となる. しかるに $X-f^{-1}(O)=f^{-1}(Y-O)$ であるから $f^{-1}(O)$ はXの開集合である.

(3)⇒(1) $\lim_{n\to\infty} x_n=x$ とする. 正数 $\varepsilon>0$ を与えるとき, 点 $f(x)$ の ε-近傍 $U_\varepsilon(f(x))$ に対して, 条件(3)より $f^{-1}(U_\varepsilon(f(x)))$ は点xを含むXの開集合である. したがってxのある ε'-近傍 $U_{\varepsilon'}(x)$ を$U_{\varepsilon'}(x)\subset f^{-1}(U_\varepsilon(f(x)))$, すなわち $f(U_{\varepsilon'}(x))\subset U_\varepsilon(f(x))$ をみたすようにとることができる. しかるに $\lim_{n\to\infty} x_n=x$ であるから, この ε' に対してある自然数Nが存在し, $n>N$ ならば $d(x_n, x)<\varepsilon'$, すなわち $x_n\in U_{\varepsilon'}(x)$

である．したがって $f(x_n)\in f(U_{\varepsilon'}(x))\subset U_\varepsilon(f(x))$，すなわち $d(f(x_n),f(x))<\varepsilon$ となる．これは $\lim_{n\to\infty} f(x_n)=f(x)$ を示している．よって f は連続である．

§2 位相空間

距離空間より一般に位相空間を定義しよう．コンパクト空間について説明することを当面の目標においているのであるが，これを距離空間に限って話を進めようとするとかえって複雑となり，むしろそれを一般の位相空間で取り扱う方がその本質がわかって理解し易いと思うからである．

(1) 位相空間

定義 集合 X において，つぎの3つの条件をみたす X の部分集合族 $\mathcal{O}$ が与えられているとする：

(1) $X\in\mathcal{O}$, $\phi\in\mathcal{O}$

(2) $O_1, O_2\in\mathcal{O}$ ならば $O_1\cap O_2\in\mathcal{O}$

(3) $O_\lambda\in\mathcal{O}$, $\lambda\in\Lambda$ ならば $\bigcup_{\lambda\in\Lambda} O_\lambda\in\mathcal{O}$

このとき $\mathcal{O}$ は X に**位相**を与える，または X を（$\mathcal{O}$ を開集合族とする）**位相空間**という．すなわち集合 X に位相を与えるとは，X に (1), (2), (3) の条件をみたす X の部分集合族 $\mathcal{O}$ を指定することである．$\mathcal{O}$ に属する集合を X の**開集合**という．点 $x\in X$ を含む X の開集合を x の**近傍**という．

X を距離空間とするとき，108頁で定義した X の開集合全体の集合族 $\mathcal{O}$ は X に位相を与えている（定理 8）．距離空間 X はつねにこの方法により位相空間とみなすことになっている．

定義 X を位相空間とする．X の部分集合 F に対して補集合 $X-F$ が X の開集合であるとき，F は X の**閉集合**であるという．

命題 11 位相空間 X の閉集合についてつぎつ3の条件がなりたつ．

(1) 空集合 ϕ および X は X の閉集合である．

(2) F_1, F_2 が X の閉集合ならば，$F_1\cup F_2$ も X の閉集合である．

(3) F_λ, $\lambda\in\Lambda$ が X の閉集合ならば，$\bigcap_{\lambda\in\Lambda} F_\lambda$ も X の閉集合である．

証明 de Morgan の法則 $X-(F_1\cup F_2)=(X-F_1)\cap(X-F_2)$，$X-\bigcap_\lambda F_\lambda=\bigcup_\lambda(X-F_\lambda)$ を用いると容易にわかる．

(2) 部分空間

定義 Aを位相空間Xの部分集合とする．Aの部分集合UがXのある開集合Oを用いて

$$U=O\cap A$$

と表わされるとき，UをAの開集合と定義する．このように定義したAの開集合全体の集合族は位相空間の条件 (1), (2), (3) をみたしている．それは (1) $\phi=\phi\cap A$, $A=X\cap A$ (2) $(O_1\cap A)\cap(O_2\cap A)=(O_1\cap O_2)\cap A$ (3) $\bigcup_{\lambda\in\Lambda}(O_\lambda\cap A)=(\bigcup_{\lambda\in\Lambda}O_\lambda)\cap A$ よりわかる．したがってAは位相空間になる．このようにして得られたAの位相をAのXに対する **相対位相** といい，相対位相をもった部分集合AをXの**部分空間**という．

距離空間Xの部分集合AはXの距離を用いると距離空間になった(補題 3)が，この距離空間Aを位相空間とみなしたものが，位相空間Xに対して相対位相によりAを位相空間とみなしたものと同じである．

補題 12 Xを位相空間とし，Aをその部分空間とする．Aの部分集合CがAの閉集合であるための必要十分条件は，CがXのある閉集合Fを用いて

$$C=F\cap A$$

と表わされることである．これより特に，Xの閉集合Aに対して，Aの閉集合CはまたXの閉集合である(命題11)ことがわかる．

証明 CがAの閉集合とする．$A-C$ はAの開合集であるから，$A-C$ はXのある開集合Oを用いて $A-C=O\cap A$ と表わされている．このとき

$$C=A-(A-C)=A-O\cap A=(X-O)\cap A$$

となるが，$X-O$ はXの閉集合であるから，これで必要性が証明された．逆も同様にして示される．

(3) Hausdorff 空間

定義 Xを位相空間とする．Xの任意の相異なる 2 点 x, y に対して

$$U\cap V=\phi$$

をみたすxの近傍Uとyの近傍Vが存在するとき，Xを**Hausdorff** (ハウスドルフ)**空間**という．

命題 13 Hausdorff 空間Xの部分空間Aはまた Hausdorff 空間である．

証明　$a, b \in A$, $a \neq b$ とすると，Xが Hausdorff 空間であることより $U \cap V = \phi$ をみたす a の近傍 U と b の近傍 V が存在する．このとき $U \cap A$, $V \cap A$ は $(U \cap A) \cap (V \cap A) = \phi$ であって，かつそれぞれ a, b のAにおける近傍である．したがってAは Hausdorff 空間である．

命題 14　Hausdorff 空間Xの１点xはXの閉集合である．

証明　$X - \{x\}$ が X の開集合であることを示そう．$y \in X - \{x\}$ とすると $x \neq y$ であるので，X が Hausdorff 空間であることから，それぞれ x, y の近傍 U, V_y を $U \cap V_y = \phi$ をみたすようにとることができる．特に $x \cap V_y = \phi$ であるから $V_y \subset X - \{x\}$ である．$X - \{x\}$ の各点yに対して $V_y \subset X - \{x\}$ となる近傍 V_y をとると $X - \{x\} = \bigcup_{y \in X - \{x\}} V_y$ となるので，$X - \{x\}$ は X の開集合 V_y の和集合としてXの開集合である．したがって１点xはXの閉集合である．

命題 15　距離空間Xは Hausdorff 空間である．

証明　$x \neq y$ とすると $d(x, y) > 0$ である．$\varepsilon = \frac{1}{2} d(x, y)$ とおくと，$U_\varepsilon(x)$, $U_\varepsilon(y)$ はそれぞれ x, y の近傍であり，かつ $U_\varepsilon(x) \cap U_\varepsilon(y) = \phi$ をみたしている．よってXは Hausdorff 空間である．

例 16　ユークリッド空間 $\boldsymbol{R}^n$ は距離空間であるから Hausdorff 空間である．

(4)　直積空間

定義　X, Y を位相空間とする．直積集合 $X \times Y$ の部分集合 O が $X \times Y$ の開集合であることをつぎのように定義する．

O が $U \times V$ (U, V はそれぞれ X, Y の開集合)の形の集合の和集合で表わされる：

$$O = \bigcup_{\lambda \in \Lambda} (U_\lambda \times V_\lambda)$$

このようにして定義した $X \times Y$ の開集合全体の集合族は $X \times Y$ に位相を与える．この位相空間 $X \times Y$ をXとYの**直積空間**という．

距離空間 X, Y の直積距離空間 $X \times Y$ は，X, Y, $X \times Y$ をそれぞれ位相空間とみるとき，$X \times Y$ はXとYの直積空間になっている(各自確かめて下さい)．

§3　連続写像

(1)　連続写像

定義　X, Y を位相空間とする．写像 $f: X \to Y$ が条件

Yの任意の開集合Oに対して $f^{-1}(O)$ がXの開集合である

をみたすとき，f は**連続**であるという．この連続の条件は

Yの任意の閉集合Fに対して $f^{-1}(F)$ がXの閉集合である

におきかえてもよい．その証明は命題10 (2) ⇒ (3) のようにするとよい．

命題 17 X, Y, Z を位相空間とし，AをXの部分空間とする．このときつぎの (1), (2), (3) がなりたつ．

(1) 包含写像 $i: A \to X,\ i(a)=a$ は連続である．

(2) 連続写像 $f: X \to Y,\ g: Y \to Z$ の合成写像 $gf: X \to Z$ は連続である．

(3) 連続写像 $f: X \to Y$ のAへの制限 $f|A: A \to Y$ は連続である．

証明 (1) Oを X の開集合とするとき $i^{-1}(O)=O\cap A$ は A の開集合である．よって i は連続である．(2) OをZの閉集合とするとき $(gf)^{-1}(O)=f^{-1}(g^{-1}(O))$ はXの開集合である．よって gf は連続である．(3) $f|A$ は包含写像 $i: A \to X$ とfとの合成写像であるから連続である．

補題 18 X, Y を位相空間とし，$F_1, \cdots, F_n$ をX の有限閉被覆，すなわち $F_1, \cdots, F_n$ はXの閉集合であって $X=\bigcup_{i=1}^{n} F_i$ とする．連続写像 $f_i: F_i \to Y,\ i=1, \cdots, n$ が

$$f_i|(F_i\cap F_j)=f_j|(F_i\cap F_j) \qquad i, j=1, \cdots, n$$

をみたしているならば，写像 $f: X\to Y$ を

$$x\in X \quad \text{が} \quad x\in F_i \quad \text{ならば} \quad f(x)=f_i(x)$$

と定義すると，f は連続である．

証明 $x\in X$ が $x\in F_i\cap F_j$ のとき $f_i(x)=f_j(x)$ であるから，f は(i の取り方によらず)定義される．さてYの閉集合Fに対して $f^{-1}(F)=\bigcup_{i=1}^{n} f_i{}^{-1}(F)$ であるが，f_i が連続であるから $f_i{}^{-1}(F)$ は F_i の閉集合である．しかるに F_i はXの閉集合であるから $f_i{}^{-1}(F)$ もXの閉集合である(補題12)．そして $f^{-1}(F)$ はXの閉集合 $f_i{}^{-1}(F)$ の有限個の和集合としてXの閉集合である (命題11(2))．よって f は連続である．

例 19 X を位相空間とし，I, I_1, I_2 をそれぞれ $[0,1]$, $[0,1/2]$, $[1/2,1]$ とする．2つの連続写像 $f_1: I_1 \to X,\ f_2: I_2 \to X$ が $f_1(1/2)=f_2(1/2)$ をみたすならば

$$f(t)=\begin{cases} f_1(t) & 0\leqq t\leqq 1/2 \\ f_2(t) & 1/2\leqq t\leqq 1 \end{cases}$$

により定義される写像 $f: I \to X$ は連続である(補題18).

命題 20　X, Y を位相空間とする．2つの写像

$$p: X \times Y \to X \qquad p(x, y) = x$$
$$q: X \times Y \to Y \qquad q(x, y) = y$$

はともに連続な全射である(この p, q をそれぞれ X, Y への**射影**という).

証明　UをXの開集合とするとき $p^{-1}(U) = U \times Y$ は $X \times Y$ の開集合である．よってpは連続である．なおpが全射であることは明らかである．qについても同様である．

命題 21　X, Y, Z を位相空間とする．写像 $f: Z \to X$, $g: Z \to Y$ が連続ならば，写像

$$h: Z \to X \times Y \qquad h(z) = (f(z), g(z))$$

も連続である．

証明　$O = \bigcup_{\lambda \in \Lambda} (U_\lambda \times V_\lambda)$ (U_λ, V_λ はそれぞれ X, Y の開集合) とするとき，$h^{-1}(O) = \bigcup_{\lambda \in \Lambda} (f^{-1}(U_\lambda) \cap g^{-1}(V_\lambda))$ はZの開集合である．よってhは連続である．

(2)　**位相同型写像**

定義　X, Y を位相空間とする．写像 $f: X \to Y$ が全単射であり，かつfと逆写像 f^{-1} がともに連続であるとき，fを**位相同型写像**(または**同相写像**)という．2つの位相空間XとYの間に同相写像fが存在するとき，XとYは**位相空間として同型**である，または**同相**であるといい，記号

$$X \cong Y$$

で表わす．

定義　X, Y を位相空間とする．写像 $f: X \to Y$ が条件

Xの任意の開集合Oに対して $f(O)$ がYの開集合である

をみたすとき，fを**開写像**という．同様に写像 $f: X \to Y$ が条件

Xの任意の閉集合Fが対して $f(F)$ がYの閉集合である

をみたすとき，fを**閉写像**という．

補題 22　X, Y を位相空間とする．連続な全単射 $f: X \to Y$ が開写像(または閉写像)であれば，fは位相同型写像である．

証明　fは全単射であるからその逆写像 f^{-1} が存在するが，補題の条件は f^{-1} が連

続であることを示している．よって f は位相同型写像である．

§4 コンパクト集合

(1) コンパクト集合

さきに(37頁) $\boldsymbol{R}^n$ の有界閉集合をコンパクト集合と定義したが，ここで一般の位相空間においてコンパクトの概念を定義し，その性質を調べよう．

X を位相空間とする．X の開集合からなる集合族 $O_\lambda, \lambda\in\Lambda$ が $X=\bigcup_{\lambda\in\Lambda} O_\lambda$ をみたすとき，$O_\lambda, \lambda\in\Lambda$ を X の**開被覆**という．Λ の元の数が有限個であるとき $O_\lambda, \lambda\in\Lambda$ を X の**有限開被覆**という．

定義　X を位相空間とする．X の任意の開被覆の中からつねに有限開被覆を選ぶことができるとき，X は**コンパクト**であるという．すなわち

$$X=\bigcup_{\lambda\in\Lambda} O_\lambda \qquad O_\lambda \text{ は } X \text{ の開集合}$$

ならば，$\lambda_1, \lambda_2, \cdots, \lambda_n\in\Lambda$ が存在して

$$X=\bigcup_{i=1}^{n} O_{\lambda_i}$$

となることである．

補題 23　位相空間 X の部分空間 A がコンパクトであるための必要十分条件は，A がつぎの条件をみたすことである．

$$A\subset\bigcup_{\lambda\in\Lambda} O_\lambda \qquad O_\lambda \text{ は } X \text{ の開集合}$$

ならば，有限個の $\lambda_1, \cdots, \lambda_n\in\Lambda$ が存在して

$$A\subset\bigcup_{i=1}^{n} O_{\lambda_i}$$

となる．

証明　A が補題の条件をみたすとしよう．A の開集合は X の開集合 O を用いて $O\cap A$ と表わされるので，A の開被覆は $A=\bigcup_{\lambda\in\Lambda}(O_\lambda\cap A)$ (O_λ は X の開集合) の形をしている．このとき $A\subset\bigcup_{\lambda\in\Lambda} O_\lambda$ である．条件より有限個の $\lambda_1, \cdots, \lambda_n\in\Lambda$ が存在して $A\subset\bigcup_{i=1}^{n} O_{\lambda_i}$ となるから，$A=\bigcup_{i=1}^{n}(O_{\lambda_i}\cap A)$ となり，A がコンパクトであることがわかった．逆も同様にして示される．

命題 24　コンパクト空間 X の閉集合 F はコンパクトである．

証明　$F\subset\bigcup_{\lambda\in\Lambda}O_\lambda$ (O_λ はXの開集合)とする．このとき $X=\bigcup_{\lambda\in\Lambda}O_\lambda\cup(X-F)$となるが，$X-F$ はXの開集合であるから，これは X の開被覆である．Xはコンパクトであるから，有限開被覆 $X=\bigcup_{i=1}^{n}O_{\lambda_i}\cup(X-F)$ を選び出すことができる．このとき明らかに $F\subset\bigcup_{i=1}^{n}O_{\lambda_i}$ となっている．よって F はコンパクトである(補題23)．

命題 25　Hausdorff 空間Xのコンパクト部分空間FはXの閉集合である．

証明　$X-F$ が X の開集合であることを示そう．点$a\in X-F$ をとる．各点 $x\in F$ に対して，$a\neq x$でありXが Hausdorff 空間であるから，$U_x\cap V_x=\phi$ をみたすaの近傍 U_x とxの近傍 V_x をとる．当然 $F\subset\bigcup_{x\in F}V_x$ となるが，F がコンパクトであることより，有限個の F の点 $x_1,\cdots,x_n$ が存在して$F\subset\bigcup_{i=1}^{n}V_{x_i}$ となる(補題23)．このとき $U=\bigcap_{i=1}^{n}U_{x_i}$ とおくと，Uはaの近傍であって，かつ

$$U\cap F\subset(\bigcap_{i=1}^{n}U_{x_i})\cap(\bigcup_{i=1}^{n}V_{x_i})\subset\bigcup_{i=1}^{n}(U_{x_i}\cap V_{x_i})=\phi$$

となる．すなわち各点 $a\in X-F$ に対して $U\subset X-F$ をみたすaの近傍 U がとれた．これは $X-F$がXの開集合であることを示している．したがってFはXの閉集合である．

(2)　コンパクトの位相不変性

つぎの定理が，コンパクトが位相不変量であることを示す目的の定理である．

定理 26　X,Y を位相空間とし，f: $X\to Y$ を連続な全射とする．このとき X がコンパクトならばYもコンパクトになる．

証明　$Y=\bigcup_{\lambda\in\Lambda}V_\lambda$ をYの開被覆とする．fは連続であるから，　Xの開被覆 $X=\bigcup_{\lambda\in\Lambda}f^{-1}(V_\lambda)$ を得る．しかるにXはコンパクトであるから，有限個の $\lambda_1,\cdots,\lambda_n\in\Lambda$ が存在して $X=\bigcup_{i=1}^{n}f^{-1}(V_{\lambda_i})$ となる．これにfを施すと，fが全射であるから $Y=\bigcup_{i=1}^{n}V_{\lambda_i}$ となる．よってYはコンパクトである．

つぎの定理はコンパクト空間のもつ性質のうちで重要で，また非常に有用なものである．

定理 27　Xをコンパクト空間とし，Yを Hausdorff 空間とする．このとき連続な全単射 f: $X\to Y$は位相同型写像である．

証明　FをXの閉集合とするとき，Fの像$f(F)$はコンパクトである(定理26)．Yは Hausdorff 空間であるから，$f(F)$はYの閉集合である(命題25)．すなわちfが閉写像であることが示された．fは連続な全単射でかつ閉写像であるから，fは位相同型写像である(補題22)．

定理28　X, Yを位相空間とするとき

$$X\times Y \text{ がコンパクト} \iff X, Y \text{ がコンパクト}$$

がなりたつ．

証明　$p\colon X\times Y\to X$, $q\colon X\times Y\to Y$ をそれぞれX, Yの射影とするとき，p, qは連続な全射であった(命題20)．したがって$X\times Y$がコンパクトであれば，X, Yもコンパクトになる(定理26)．逆にX, Yがコンパクトであると仮定し，$X\times Y=\bigcup_{\lambda\in\Lambda} O_\lambda$をその開被覆とする．この中から有限開被覆を選び出せることを示そう．各開集合O_λは$U\times V$ (U, VはそれぞれX, Yの開集合)の形の和集合であるから(添数Λはかわるが)初めから$X\times Y=\bigcup_{\lambda\in\Lambda}(U_\lambda\times V_\lambda)$の形の開被覆であると仮定しておいてよい．さて，まず1点$x\in X$を固定して考えよう．Yがコンパクトであるから，これに位相同型な$x\times Y$はコンパクトである．よって$x\times Y$の有限開被覆

$$x\times Y\subset\bigcup_{j=1}^{n}(U_j\times V_j)$$

がとりだせる．このとき，$x\in U_j$, $j=1, 2, \cdots, n$, $Y=\bigcup_{j=1}^{n} V_j$ となっている．$U_x=\bigcap_{j=1}^{n} U_j$とおくと，$U_x$は$x$の近傍であり，かつ

$$U_x\times Y=U_x\times\bigcup_{j=1}^{n} V_j=\bigcup_{j=1}^{n}(U_x\times V_j)\subset\bigcup_{j=1}^{n}(U_j\times V_j)$$

がなりたつ．このようにして，各点$x\in X$に対して，xの近傍U_xと$U_x\times Y$の有限開被覆$\bigcup_{j=1}^{n}(U_j\times V_j)$を選ぶことができた．$X$の開被覆$X=\bigcup_{x\in X} U_x$をつくると，$X$がコンパクトであるから，有限個の点$x_1, \cdots, x_m\in X$を選んで$X=\bigcup_{i=1}^{m} U_{x_i}$にできる．したがって

$$X\times Y=\left(\bigcup_{i=1}^{m} U_{x_i}\right)\times Y=\bigcup_{i=1}^{m}(U_{x_i}\times Y)$$

となる．各$U_{x_i}\times Y$は有限個の$U_j\times V_j$で覆われるから，$X\times Y$もそうである．よって$X\times Y$はコンパクトである．

(3) $\boldsymbol{R}^n$ の有界閉集合

$\boldsymbol{R}^n$ の有界閉集合をコンパクト集合と名付けた定義と，位相空間 $\boldsymbol{R}^n$ のいわゆるコンパクト集合の定義が一致することを示そう．そのためにはつぎの補題が本質的である．

補題 29 (**Heine-Borel**) 閉区間 $[a,b]$ はコンパクトである．すなわち

$$[a,b]\subset\bigcup_{\lambda\in\Lambda}J_\lambda \qquad J_\lambda=(\alpha_\lambda,\beta_\lambda) \text{ は開区間}$$

ならば，有限個の $\lambda_1,\cdots,\lambda_m\in\Lambda$ が存在して

$$[a,b]\subset\bigcup_{i=1}^{m}J_{\lambda_i}$$

となる．

証明 $[a,b]\subset\bigcup_{\lambda\in\Lambda}J_\lambda$ から有限開被覆を選び出せないとしよう．$c=\dfrac{a+b}{2}$ とおくと，$[a,c]$, $[c,b]$ のいずれか一方は有限部分開被覆をもたない．その区間を $[a_1,b_1]$ としよう．さらにこの区間 $[a_1,b_1]$ を 2 等分すると，そのいずれか一方は有限部分開被覆をもたない．その区間を $[a_2,b_2]$ とする．以下このような作り方を繰り返すと，閉区間の列

$$[a_1,b_1]\supset\cdots\supset[a_n,b_n]\supset[a_{n+1},b_{n+1}]\supset\cdots$$

$b_n-a_n=\dfrac{b-a}{2^n}$ を得る．$\lim_{n\to\infty}(b_n-a_n)=0$ であるから，$\bigcap_{n=1}^{\infty}[a_n,b_n]=\{x\}$ となる 1 点 x が存在する（この事実は Cantor の**区間縮小定理**と呼ばれている事実である）．$x\in[a,b]\subset\bigcup_{\lambda\in\Lambda}J_\lambda$ であるから，ある λ に対して $x\in J_\lambda=(\alpha_\lambda,\beta_\lambda)$ となる．$\alpha_\lambda<x$ であるから $\alpha_\lambda\notin\bigcap_{n=1}^{\infty}[a_n,b_n]$，したがって $\alpha_\lambda<a_{n_1}$ をみたす n_1 が存在する．同様に $x<\beta_\lambda$ であるから，$b_{n_2}<\beta_\lambda$ をみたす n_2 が存在する．$n=\max\{n_1,n_2\}$ とおくと，$\alpha_\lambda<a_n<x<b_n<\beta_\lambda$，したがって $[a_n,b_n]\subset J_\lambda$ となる．このように $[a_n,b_n]$ は 1 つの J_λ で覆えたが，$[a_n,b_n]$ は有限個の J_λ では覆えない筈であった．これは矛盾である．よって補題が証明された．

定理 30 $\boldsymbol{R}^n$ の部分空間 X がコンパクトであるための必要十分条件は，X が $\boldsymbol{R}^n$ の有界閉集合であることである．

証明 **必要性** X がコンパクトする．X の各点 x に対して半経 1 の近傍 $U(x)$ をとり，X の開被覆 $X\subset\bigcup_{x\in X}U(x)$ をつくる．X はコンパクトであるから，有限個の点 x_1,

$\cdots, x_m$ が存在して $X \subset U(x_1) \cup \cdots \cup U(x_m)$ となる．これより X が有界であることがわかる．またXは Hausdorff 空間 $\boldsymbol{R}^n$ (例 16)のコンパクト部分空間であるから，X は $\boldsymbol{R}^n$ の閉集合である(命題 25)．

十分性 Xが $\boldsymbol{R}^n$ の有界閉集合とする．Xが有界であるから $X \subset [a_1, b_1] \times \cdots \times [a_n, b_n]$ となる閉区間 $[a_i, b_i]$, $i=1, \cdots, n$ がとれる．各 $[a_i, b_i]$ はコンパクトである(補題 29)から，その直積空間 $[a_1, b_1] \times \cdots \times [a_n, b_n]$ もコンパクトであり(定理 28)，Xはその閉集合となるからコンパクトである(命題23)．

例 31 単位球面 S^n はコンパクトである．実際，写像 $f: \boldsymbol{R}^{n+1} \to \boldsymbol{R}$ を$f(\boldsymbol{x}) = \|\boldsymbol{x}\|$ と定義すると，fは連続である．それは，$\lim_{m \to \infty} \boldsymbol{x}_m = \boldsymbol{x}$ とすると，$|\|\boldsymbol{x}_m\| - \|\boldsymbol{x}\|| \leqq \|\boldsymbol{x}_m - \boldsymbol{x}\| \to 0$ $(m \to \infty)$ より $\lim_{m \to \infty} \|\boldsymbol{x}_m\| = \|\boldsymbol{x}\|$ となるからである．1 点 $1 \in \boldsymbol{R}$ は $\boldsymbol{R}$ の閉集合である(例 16, 命題 14)から，$S^n = f^{-1}(1)$ は $\boldsymbol{R}^{n+1}$ の閉集合である(命題 10)．S^n が有界集合であることは例 7 で示している．よって S^n はコンパクトである(定理 30)．

例 32 n 次元トーラス T^n はコンパクトである．実際，トーラス T^n はコンパクトである 1 次元球面S^1 (例 31)の n 個の直積空間：$T^n = S^1 \times \cdots \times S^1$ であるからコンパクトである(定理 28)．

§5 弧状連結集合

(1) 弧状連結集合

Xを位相空間とする．閉区間 $I=[0,1]$ からXへの連続写像 $u: I \to X$ をXの**道**という．$u(0)$ を道 u の**始点**，$u(1)$ を u の**終点**といい，u を $u(0)$ と $u(1)$ を結ぶ道という．u を点 x_0 と点 x_1 を結ぶ道，v を点 x_1 と点 x_2 を結ぶ道とするとき，写像 $w: I \to X$ を

$$w(t) = \begin{cases} u(2t) & 0 \leqq t \leqq 1/2 \\ v(2t-1) & 1/2 \leqq t \leqq 1 \end{cases}$$

で定義すると，w は点 x_0 と点 x_2 を結ぶ道になる(例 19)．この w を道 u に道 v をつないだ道といい，$u \cdot v$ で表わす．

定義 位相空間Xの任意の 2 点 x, y に対して，x と y を結ぶXの道が存在するとき，X は**弧状連結**であるという．

例 33 ユークリッド空間 $\boldsymbol{R}^n$ は弧状連結である．実際，$\boldsymbol{R}^n$ の 2 点 $\boldsymbol{x}, \boldsymbol{y}$ に対して，

写像

$$u: I \to \boldsymbol{R}^n \qquad u(t) = (1-t)\boldsymbol{x} + t\boldsymbol{y}$$

が $\boldsymbol{x}$ と $\boldsymbol{y}$ を結ぶ道になっている.

例 34　$\boldsymbol{R}^{n+1}$ から原点を除いた空間 $\boldsymbol{R}^{n+1}-\{\boldsymbol{0}\}$ ($n \geqq 1$) は弧状連結である．実際，$\boldsymbol{R}^{n+1}-\{\boldsymbol{0}\}$ の 2 点 $\boldsymbol{x}, \boldsymbol{y}$ を線分で結ぶとよい(例 33)が，もしその線分が原点 $\boldsymbol{0}$ を通るときには，線分上にない 1 点 $\boldsymbol{z}$ をとり，$\boldsymbol{x}$ と $\boldsymbol{z}$ を結ぶ線分の道 u と $\boldsymbol{z}$ と $\boldsymbol{y}$ を結ぶ線分の道 v をつなぐとよい.

(2)　弧状連結の位相不変性

つぎの定理は，弧状連結が位相不変量であることを示す定理である.

定理 35　X, Y を位相空間とし，$f: X \to Y$ を連続な全射とする．このとき X が弧状連結ならば Y も弧状連結である.

証明　Y の任意の 2 点 y_0, y_1 に対して，f が全射であるから，$f(x_0)=y_0$, $f(x_1)=y_1$ となる X の点 x_0, x_1 が存在する．X は弧状連結であるから，x_0 と x_1 を結ぶ X の道 $u: I \to X$ をとると，$fu: I \to Y$ は y_0 と y_1 を結ぶ道である(命題 14(2))．よって Y は弧状連結である.

定理 36　X, Y を位相空間とするとき

$$X \times Y \text{ が弧状連結} \iff X, Y \text{ が弧状連結}$$

がなりたつ.

証明　$p: X \times Y \to X$, $q: X \times Y \to Y$ をそれぞれ X, Y への射影とするとき，p, q は連続な全射であった(命題 20)．したがって $X \times Y$ が弧状連結であれば，X, Y も弧状連結になる(定理 35)．逆に X, Y が弧状連結であるとする．$X \times Y$ の 2 点 $a_0=(x_0, y_0)$, $a_1=(x_1, y_1)$ に対して，x_0 と x_1 を結ぶ X の道 $u: I \to X$ と，y_0 と y_1 を結ぶ Y の道 $v: I \to Y$ をとると，$w: I \to X \times Y$, $w(t)=(u(t), v(t))$ は a_0 と a_1 を結ぶ $X \times Y$ の道である(命題21)．よって $X \times Y$ は弧状連結である.

例 37　単位球面 S^n ($n \geqq 1$) は弧状連結である．実際，写像 $f: \boldsymbol{R}^{n+1}-\{\boldsymbol{0}\} \to S^n$ を $f(x)=\dfrac{\boldsymbol{x}}{\|\boldsymbol{x}\|}$ と定義すると，f は連続な全射である．しかるに $\boldsymbol{R}^{n+1}-\{\boldsymbol{0}\}$ は弧状連結である(例 34)から，その像として S^n は弧状連結である(定理 35).

例 38　n 次元トーラス T^n は弧状連結である．実際，トーラス T^n は弧状連結である 1 次元球面 S^1 (例 37)の n 個の直積空間：$T^n = S^1 \times \cdots \times S^1$ であるから弧状連結であ

る(定理 36).

§6 等化空間

等化集合 $X/\sim$ の位相の入れ方を述べ，射影空間 $\boldsymbol{RP}_n$ の位相を調べよう．

(1) 等化空間

位相空間Xに同値法則をみたす関係 $\sim$ が与えられているとする．Xの点xに対し，xを含む類 $\bar{x}=\{y\in X|y\sim x\}$ を対応させる写像 $p: X\to X/\sim$ を用いて，等化集合 $X/\sim$ に位相を導入しよう．$X/\sim$ の部分集合Oに対して

$p^{-1}(O)$ が X の開集合であるとき O は $X/\sim$ の開集合である

と定義すると，$X/\sim$ の開集合全体の集合族 $\mathcal{O}$ は $X/\sim$ に位相を与える．実際，$\mathcal{O}$ が位相空間の定義の 3 つの条件をみたしていることを確かめなければならないが，それは $p^{-1}(\phi)=\phi$, $p(X/\sim)=X$, $p^{-1}(O_1\cap O_2)=p^{-1}(O_1)\cap p^{-1}(O_2)$, $p^{-1}(\bigcup_{\lambda\in\Lambda}O_\lambda)=\bigcup_{\lambda\in\Lambda}p^{-1}(O_\lambda)$ を用いると容易にわかることである．このようにして得られた位相空間$X/\sim$を，関係 $\sim$ によるXの**等化空間**という．

写像 $p: X\to X/\sim$ は，$X/\sim$ の位相のいれ方より明らかに連続(な全射)になっている．したがってつぎの定理がなりたつ(定理 26, 35)．

定理 39 $X/\sim$ を位相空間Xの同値関係 $\sim$ による等化空間とする．このときつぎの(1), (2) がなりたつ．

(1) Xがコンパクトならば $X/\sim$ もコンパクトである．

(2) Xが弧状連結ならば $X/\sim$ も弧状連結である．

(2) 射影空間

定義 S^n をn次元単位球面とする．S^n において

$$x\sim y \iff x=y \quad \text{または} \quad x=-y$$

と定義すると，関係 $\sim$ は同値法則をみたす．このときの等化空間を**n次元(実)射影空間**といい，$\boldsymbol{RP}_n$で表わす．

例 40 射影空間 $\boldsymbol{RP}_n$ はコンパクトであり，かつ弧状連結である．実際，球面 S^n はコンパクトであり(例 31)，かつ弧状連結であった(例 37)から，その等化空間 $\boldsymbol{RP}_n$ もそうである(定理 39)．なお$\boldsymbol{RP}_n$ は Hausdorff 空間，さらに距離空間にもなるのであるが，それを示すにはさらにいくらかの準備を必要とするので，ここでは省略する．

§7 ホモトピー同値

最後に，2つの写像 f, g がホモトープであること，および2つの位相空間 X, Y がホモトピー同型であることの定義を与えておこう．しかし，ここではこれらの定義を与えるだけであって，これらの詳しい性質などは他の専門書を参照していただくことにする．

定義 X, Y を位相空間とする．2つの連続写像 $f, g: X \to Y$ に対し

$$\begin{cases} F(x, 0) = f(x) \\ F(x, 1) = g(x) \end{cases} \qquad x \in X$$

をみたす連続写像 $F: X \times I \to Y$ $(I = [0, 1])$ が存在するとき，f と g は**ホモトープ**であるといい，$f \simeq g$ で表わす．

定義 X, Y を位相空間とする．X と Y の間に

$$gf \simeq 1_X, \qquad fg \simeq 1_Y$$

($1_X: X \to X$, $1_Y: Y \to Y$ はそれぞれ X, Y の恒等写像)をみたす連続写像 $f: X \to Y$, $g: Y \to X$ が存在するとき，X と Y は**ホモトピー同値**であるという．

例 41 直線 $\boldsymbol{R}$ は1点$\{0\}$にホモトピー同型である．実際，2つの写像 $f: \boldsymbol{R} \to \{0\}$; $f(x) = 0$, $i: \{0\} \to \boldsymbol{R}$; $i(0) = 0$ に対して

$$if \simeq 1_{\boldsymbol{R}}, \qquad fi = 1_{\{0\}}$$

がなりたつからである．(写像 $F: \boldsymbol{R} \times I \to \boldsymbol{R}$, $F(x, t) = xt$ は連続であって，$F(x, 0) = 0 = (if)(x)$, $F(x, 1) = x = 1_{\boldsymbol{R}}(x)$ となるから $if \simeq 1_{\boldsymbol{R}}$ である．一方 $fi = 1_{\{0\}}$ は自明である)．

索　　引

イ

位相	*topology*	11, 13, 18, 172
位相幾何学	*topological gemetry*	140
位相空間	*topological space*	172
位相同型	*topological isomorphic*	9, 20, 87
位相同型写像	*topological mapping*	87, 176
位相不変量	*topological invariant*	63

ウ

埋め込み	*embedding*	93
裏返し	*reflection*	80

オ

Euler-Poincaré 指標	Euler-Poincaré *charateristic*	102

カ　ガ

開写像	*open mapping*	176
開集合	*open set*	48, 54, 169, 172
回転	*rotation*	80
開被覆	*open covering*	177
拡張	*extension*	74
傾き	*gradient*	145, 147, 148
関数	*function*	70

キ　ギ

逆写像	*inverse mapping*	81
逆像	*inverse image*	75
境界	*boundary*	45
境界点	*boundary point*	45
境界のある曲面	*surface with boundary*	152
距離空間	*metric space*	167
球面	*sphere*	168
近傍	*neighourhood*	45, 53, 55, 169, 172

ク

空間	*space*	41
区間縮小定理	*theorem of nested intervals*	180
Klein の壺	Klein *bottle*	142

コ　ゴ

合成写像	*composition mapping*	80
恒等写像	*identity mapping*	76
弧状連結	*arcwise connected*	41, 181
弧状連結成分	*arcwise connected component*	134
コンパクト	*compact*	41, 177

サ　ザ

座標	*coordinate*	128
3角不等式	*triangle inequality*	167
3角形分割された有限多面体	*triangulated finite polyhedron*	98

シ　ジ

次数	*degree*	14
終点	*terminal point*	181
射影	*projection*	176
射影幾何学	*projective geometry*	148
(実)射影空間	*(real) projective space*	183
射影直線	*projective line*	144
(実)射影平面	*(real) projective plane*	143, 146
写像	*mapping*	69
周期関数	*periodic function*	137
集合論	*set theory*	139
収束する	*converge*	85, 170
始点	*initial point*	181
縮体	*retract*	156

ス

推移法則	*transitive law*	133

セ　ゼ

制限	*restriction*	74
線型写像	*linear mapping*	79
全射	*surjection*	75
全単射	*bijection*	76

ソ　ゾ

像	*image*	74
相対位相	*relative topology*	173

タ

対称関係	*symmetric relation*	167
対称法則	*symmetric law*	133
単位球面	*unit sphere*	168
単射	*injection*	75
単体	*simplex*	97

チ

値域	*range*	74
縮めた空間	*pinched space*	140
頂点	*vertex*	98
直積距離空間	*direct product of metric spaces*	168
直積空間	*direct product of spaces*	174
直積集合	*direct product of sets*	123
直積図形	*direct product of figures*	124
直線	*line*	41
値領域	*domain of values*	69

ツ　ヅ

図形	*figure*	64
角のはえた球面	*horned sphere*	31

テ

底	*base*	130
定義域	*domain of definition*	69

ト ド

等化空間	*identifying space*	*183*
等化集合	*identifying set*	*134*
同型	*isomorphic*	*176*
同相	*homeomorphic*	*9, 20, 87, 176*
同相写像	*homeomorphism*	*87, 176*
同値	*equivalent*	*133*
同値関係	*equivalence relation*	*133*
de Morgan の法則	de Morgan'*s law*	*43, 44*
トーラス	*torus*	*169*

ナ

内点	*interior point*	*45, 53, 169*
内部	*interior*	*45, 54, 169*

ハ

Hausdorff 空間	Hausdorff *space*	*173*
反射法則	*reflective law*	*133*

フ ブ

ファイバー	*fibre*	*130*
ファイバー空間	*fibre space*	*130*
不動点	*fixed point*	*154*
部分空間	*subspace*	*173*
部分集合	*subset*	*42*
分類する	*classify*	*133*

ヘ ベ

閉曲面	*closed surface*	*152*
平行移動	*parallel translation*	*80*
閉写像	*closed mapping*	*176*
閉集合	*closed set*	*50, 54, 170, 172*
平面	*plane*	*41*
ベクトル	*vector*	*150*
ベクトル場	*vector field*	*159*
辺	*face*	*97, 98*

ホ

方向付け可能	*orientable*	*162, 163*
方向付け不可能	*non-orientable*	*162, 163*
法線ベクトル場	*normal vector field*	*161*
胞体	*cell*	*119*
補集合	*complementary set*	*43*
ホモトピー同値	*homotopy equivarence*	*9, 32, 184*
ホモトピー同値不変量	*homotopy invariant*	*66*
ホモトープ	*homotopic*	*184*

ミ

道	*path*	*61, 181*

メ

Möbius の帯	Möbius *band*	*18*
面	*face*	*98*

ユ

有界	*bounded*	*57, 169*
ユークリッド幾何学	*Euclidean geometry*	*139*
ユークリッド空間	*Euclidean space*	*168*
有限開被覆	*finite open covering*	*177*
有限多面体	*finite polyhedron*	*98*

ヨ

4色問題	*four colored problem*	*12*

リ

稜	*side*	*98*
臨界点	*critical point*	*39*

レ

レトラクト	*retract*	*156*
連結和	*connected sum*	*151*
連続	*continuous*	*85, 171, 175*

著者紹介

横田一郎（よこた・いちろう）

著者略歴

1926 年大阪府出身

大阪大学理学部数学科卒，大阪市立大学理学部数学科助手，講師，助教授，信州大学理学部数学科教授を経て，退官，信州大学名誉教授．理学博士．

主　書　群と位相，群と表現（以上裳華房）
ベクトルと行列（共著），微分と積分（共著），
多様体とモース理論，例題が教える群論入門，一般数学（共著），
線型代数セミナー（共著），古典型単純リー群，例外型単純リー群
（以上 現代数学社）

新装版 やさしい位相幾何学の話

2018 年 5 月 20 日　　新装版 1 刷発行

著　者　横田一郎
発行者　富田　淳
発行所　株式会社　現代数学社
〒 606-8425 京都市左京区鹿ヶ谷西寺ノ前町 1
TEL&FAX 075（751）0727　振替 01010-8-11144
http://www.gensu.co.jp/

印　刷　亜細亜印刷株式会社

検印省略

ISBN 978-4-7687-0473-8